口岸杂草种子

图鉴

赵 晖 李春喜 王振华 主编

AN ILLUSTRATED HANDBOOK OF WEED
SEEDS AT COSTOMS PORTS

 中国海关 出版社有限公司

·北京·

图书在版编目（CIP）数据

口岸杂草种子图鉴 / 赵晖，李春喜，王振华主编 . — 北京：
中国海关出版社有限公司，2021.12（2024.8 重印）

ISBN 978-7-5175-0562-4

Ⅰ . ①口… Ⅱ . ①赵… ②李… ③王… Ⅲ . ①杂草—草籽—
鉴定—图集 Ⅳ . ① S451-64

中国版本图书馆 CIP 数据核字 (2022) 第 003672 号

口岸杂草种子图鉴

KOU'AN ZACAO ZHONGZI TUJIAN

主　　编：赵　晖　李春喜　王振华
责任编辑：刘　婧
出版发行：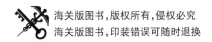出版社有限公司
社　　址：北京市朝阳区东四环南路甲 1 号　　　　邮政编码：100023
网　　址：www.hgcbs.com.cn
编 辑 部：010 65194242-7544（电话）
发 行 部：010 65194238 /4246 /4221 /5127（电话）
社办书店：010 65195616（电话）
　　　　　https://weidian.com/?userid=319526934
印　　刷：北京新华印刷有限公司　　　　经　　销：新华书店
开　　本：889mm×1194mm　1/16
印　　张：19.75　　　　　　　　　　　字　　数：420 千字
版　　次：2021 年 12 月第 1 版
印　　次：2024 年 8 月第 2 次印刷
书　　号：ISBN 978-7-5175-0562-4
定　　价：128.00 元

编　委　会

序 PREFACE ———————

　　随着经济全球化的发展，国际贸易的流动速度不断加快，外来物种入侵形势更加严峻。近几年，随着中国进境大宗粮食、油料产品等货物逐渐增多，口岸截获境外有害杂草种子的种类也在逐渐增加。人们为了某种需要，有意引进的牧草、饲料、护坡植物、固沙植物、观赏植物等，由于管理不善而流入田间成为杂草，与农作物争夺养分、水和阳光，危害农作物的生长发育，降低产量，影响品质。进境植物及植物产品的现场检疫、进境粮谷和饲料等后续监管和外来杂草的疫情监测，都是防范外来杂草入侵的重要手段。

　　杂草种子是影响杂草在自然状况下为害程度的重要因素，是远距离传播的重要器官和主要途径，而口岸检疫是控制杂草种子远距离传播的有效手段，迫切需要海关一线人员具备植物学分类专业知识，熟悉国内外杂草的主要种类，能在现场快速、准确识别和鉴定杂草种子类别，从而加快贸易的快速流通。

　　习近平总书记强调："必须从保护人民健康、保障国家安全、维护国家长治久安的高度，把生物安全纳入国家安全体系。"来自武汉海关、威海海关、南通海关、玉林海关、佛山海关、湛江海关、中国科学院植物研究所、中国检验检疫科学研究院等单位的植物检疫工作者们积极响应，集众人之力，编写了《口岸杂草种子图鉴》一书，将工作积累转化为实用的参考工具。

大家对工作充满热爱，注重积累，用心钻研，将多年来从口岸工作中截获和收集的杂草种子仔细储藏，分类保存，终汇集成本书。

该书图文并茂，通俗易懂，种子鉴定特征描述翔实，具有科学性、专业性和实用性，共收录了50科460种，均为中国口岸截获的杂草种子，可以作为一线口岸查验人员的工具书。

该书采用四色印刷，页面精致，易于参考比对，在《中华人民共和国生物安全法》实施之年，该书的出版对守护国门生物安全具有特别的意义。

我欣然写序，一方面是想表达对国门卫士的崇高敬意，另一方面作为植物分类的同行，借此机会对各位编写人员为杂草分类鉴定工作的贡献表示谢意。

刘长江

2021 年 10 月

前 言
FOREWORD

　　杂草种子具有小而轻、寿命长、环境适应能力强、传播途径广等特点，极易通过国际贸易的货物、运输工具、邮件包裹夹带，以及旅客携带等方式到达国境口岸。杂草种子作为农作物种子中有生命的夹杂物，还具有繁殖方式多、种子结实量大等特点，极易造成外来物种入侵，给中国生态环境和生物多样性带来巨大威胁。

　　《中华人民共和国生物安全法》于 2021 年 4 月 15 日正式施行，防范外来物种入侵与保护生物多样性的重要性上升到法律层面的高度。海关作为国门生物安全的守护者，对外来杂草进行检疫和监测，为口岸查验、实验室检疫鉴定和疫情监测提供技术支撑，在该领域发挥着重要作用。

　　杂草检疫是海关动植物检疫工作的重要组成部分，为能够快速识别、鉴定口岸截获的杂草种子，自 2018 年 4 月起，武汉海关联合威海海关、南通海关、玉林海关、佛山海关、湛江海关、中国科学院植物研究所、中国检验检疫科学研究院等单位，对历年来在口岸进境植物检疫工作中截获的杂草种子进行形态特征拍摄和整理，编写成本书，旨在为口岸一线和实验室检测人员提供杂草种子的实物图片参考，夯实外来杂草种子检疫鉴定的工作基础。同时，本书对农业院校、环保部门和科研单位的植物保护教学研究工作也有一定的参考价值。

本书共收集杂草种子或果实种类 50 科 460 种，配图清晰，客观真实地反映了杂草种子的外部形态，包括大小、形状、色泽、种脐形状等识别特征，每个种配以简明描述形态特征和分布，为快速、准确鉴定杂草种子提供了极为有用的参考依据。

本书的编写得到了武汉海关各级领导的高度重视和大力支持，武汉海关技术中心和威海海关技术中心承担了大量的工作，承蒙中国科学院植物所北京植物园研究员刘长江老师对标本进行复核以及为本书作序，在此一并致谢！

由于时间仓促，本书在个别图片或文字方面可能存在不足，如有遗漏和错误之处，敬请各位专家和读者不吝指正。

编　者

2021 年 10 月

C ONTENTS 目录

六、商陆科　　　　Phytolaccaceae

七、藜科　　　　Chenopodiaceae

八、苋科　　　　Amaranthaceae

九、石竹科　　　　Caryophyllaceae

十五、马齿苋科　　　　　　　　　　　　　　　　　Portulacaceae

十六、柳叶菜科　　　　　　　　　　　　　　　　　Onagraceae

三十、紫草科　　　　　　　　　　　　　　　　　　　　　　Boraginaceae

三十一、茄科　　　　　　　　　　　　　　　　　　　　　　Solanaceae

三十二、芝麻科　　　　　　　　　　　　　　　　　　　　　　Pedaliaceae

三十三、唇形科　　　　　　　　　　　　　　　　　　　　　　Labiatae

三十四、车前科　　　　　　　　　　　　　　　　　　　　　　Plantaginaceae

三十六、鸭跖草科 Commelinaceae

三十七、莎草科 Cyperaceae

三十八、禾本科 Gramineae

三十九、鸢尾科　　　　　　　　　　　　　　Iridaceae

四十九、忍冬科　　　　　　　　　　　　　　　　　　　　　Caprifoliaceae

五十、泽泻科　　　　　　　　　　　　　　　　　　　　　Alismataceae

参考文献　　　　　　　　　　　　　　　　　　　　　References

毛茛科

Ranunculaceae

1

中文名：**石龙芮**

学　名：*Ranunculus sceleratus*

　　属：**毛茛属 Ranunculus**

图 1.1 石龙芮

倍率：X100.0

0.20mm

形态特征

　　瘦果倒阔卵形，扁平状，长 1~1.3 毫米（包括喙），宽 0.9~1 毫米。果皮暗黄绿色，表面有小穴点，顶端具短喙，稍弯而尖，基部侧面中央微凹，自基部沿果背直至顶端有一条暗色的沟槽。果脐圆形，位于基部凹陷处。内含 1 粒种子。果皮膜质，种子含大量油质胚乳，胚极微小。（见图 1.1）

分布　分布于中国各地，亚洲、欧洲、北美洲的亚热带至温带地区广布。

生境　田野常见杂草。

用途　全草含原白头翁素，有毒，药用能消结核、截疟及治痈肿、疮毒、蛇毒和风寒湿痹。

倍率：X30.0
0.20mm

倍率：X30.0
0.20mm

图 1.2 田野毛茛

2

中文名：**田野毛茛**

学　名：*Ranunculus arvensis*

　　属：**毛茛属 Ranunculus**

形态特征

　　瘦果斜倒阔卵形，长 5~7 毫米（包括喙），宽 2~4 毫米。两侧扁，一端具短喙，周缘增厚，两面及边缘均有扁形细长刺，长短不一，长者可达 3 毫米。果脐位于喙部相对一侧，果内含 1 粒种子，种皮膜质，种子含大量油质胚乳，胚极微小。（见图 1.2）

分布　原产欧洲。在美国东北部及大西洋海岸也有分布。曾在自澳大利亚、美国、法国及阿根廷进口的小麦、玉米、大豆中及自蒙古国进口的大麦中发现。

中文名：**小毛茛**

学　名：*Ranunculus ternatus*

　属：**毛茛属 Ranunculus**

倍率：X50.0
0.20mm

图 1.3 小毛茛

形态特征

　　聚合果球形或长圆形；瘦果卵球形或两侧压扁，背腹线有纵肋，或边缘有棱至宽翼，果皮有厚壁组织而较厚，无毛或有毛，或有刺及瘤突；喙较短，直伸或外弯。（见图 1.3）

分布 在中国，分布于广西、台湾、江苏、浙江、江西、湖南、安徽、湖北、河南等地；日本也有分布。

生境 生于丘陵、旱坡、田埂、路旁、荒地阴湿处。

倍率：X50.0
0.20mm

图 1.4 禺毛茛

中文名：**禺毛茛**

学　名：*Ranunculus cantoniensis*

　属：**毛茛属 Ranunculus**

形态特征

　　聚合果近球形，直径约 1 厘米；瘦果扁平，长约 3 毫米，宽约 2 毫米，为厚的 5 倍以上，无毛，边缘有宽约 0.3 毫米的棱翼，喙基部宽扁，顶端弯钩状，长约 1 毫米。（见图 1.4）

分布 在中国，分布于云南、四川、贵州、广西、广东、福建、台湾、浙江、江西、湖南、湖北、江苏、浙江等地；印度、越南、朝鲜、日本也有分布。

生境 生于海拔 500~2500 米的平原或丘陵田边、沟旁水湿地。

中文名：**棉团铁线莲**

学　名：*Clematis hexapetala*

　属：**铁线莲属 Clematis**

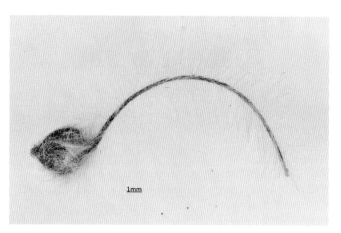 

1mm

图 1.5 棉团铁线莲

形态特征

　　瘦果倒卵形，扁平，深褐色，长约 5 毫米（不包括宿存花柱），宽约 3.5 毫米，表面粗糙，密生柔毛，上部毛较长，两平面稍凸，顶端圆，具布满柔毛的花柱，花柱长而弯曲，宿存花柱长 1.5~3 厘米。基部渐窄，基端较低平，具果脐。（见图 1.5）

分布

在中国，分布于甘肃东部、陕西、山西、河北、内蒙古、辽宁、吉林、黑龙江、安徽等地；朝鲜、蒙古国、俄罗斯（西伯利亚东部）也有分布。

生境

生长于固定沙丘、干山坡或山坡草地，在中国的东北及内蒙古草原地区较为普遍。

锦葵科
Malvaceae

中文名：**阿洛葵**

学　名：*Anoda cristata*

属：**盘果苘属 Anoda**

1mm　　　1mm　　　1mm

图 2.1 阿洛葵

形态特征

　　果实盘状分果，直径 8~15 毫米，由 10~20 个排成圆环状的片状分果瓣组成；每个分果瓣内含 1 粒种子。种子灰色、褐色至黑色，肾形，先端延伸至芒状，长 3.4~3.6 毫米，宽 3.2~3.4 毫米，种皮表面具小瘤状突起。（见图 2.1）

分布　原产于美洲热带地区，后传播到澳大利亚、比利时、法国、德国、荷兰、挪威、西班牙、英国、以色列、俄罗斯（远东地区）等。

1mm

1mm

图 2.2 赛葵

分布　原产美洲，系中国归化植物。在中国，主要分布于台湾、福建、广东、广西、云南等地，山东日照也有发现。

中文名：**赛葵**

学　名：*Malvastrum coromandelianum*

属：**赛葵属 Malvastrum**

形态特征

　　分果瓣横长肾形，近于马鞍状，两侧扁，棕褐色，高 2.2 毫米，宽 3 毫米，表面粗糙，具白毛，背面宽，密被短毛，在中央生 2 条突起状短刺，刺以下部分具 2 边棱和 1 中棱，刺以上部分具白色硬毛，腹面薄，具较低深凹缺，凹缺以上部分具一突起状短刺。种子肾形，扁状，长约 1.5 毫米，宽约 1.3 毫米，背部较厚，顶端拱圆。种皮深褐色，表面被一薄层蜡质物，腹部中央凹洼，种脐呈深褐色，种子内含极少量胚乳，胚弯生，子叶回旋状折叠。（见图 2.2）

中文名：**白背黄花稔**

学　名：*Sida rhombifolia*

属：**黄花稔属 Sida**

图 2.3 白背黄花稔

形态特征

　　果实半球形，由 8~10 个分果瓣组成；分果斧头形；长约 3.1 毫米，宽约 2 毫米；灰褐色；顶端具向外斜突的短刺两枚，不叉开，背面圆形弓隆，粗糙，无明显横皱纹，周缘脊棱明显，中央凹成纵沟，腹面中央显著外突，呈锐脊状，使腹面形成 2 斜面；果皮薄膜质，表面具细网状纹；果内含种子一粒。种子长约 2 毫米，宽约 1.5 毫米；半倒卵形；暗褐色；表面有一薄层褐色覆盖物，乌暗无光泽；种子背面较厚，圆形弓隆，中央有一浅纵沟，腹面中央显著突起成脊状，两侧面斜平，周缘有脊棱；顶端钝圆，基部凹陷，近腹面端部有一腹棱，明显外突，并密生褐色短毛。种脐位于种子基部的凹陷内，黑褐色，半椭圆形，周围淡褐色，脐上面往往被残存的珠柄所覆盖。种子有少量胚乳，胚弯曲，子叶回旋折叠。（见图 2.3）

分布　在中国，分布于南方多地；印度，以及其他热带地区也有分布。

用途　全草可入药，其茎皮可制纤维。

图 2.4 刺黄花稔

中文名：**刺黄花稔**

学　名：*Sida spinosa*

属：**黄花稔属 Sida**

形态特征

　　果实由 5 个分果瓣组成，成熟时彼此分离；果瓣三棱状，顶端有 2 个明显叉开的芒刺，刺上密生短硬毛，刺基端有 1 棱形的小裂口；背面显著隆突，表面具波浪状横皱纹，周缘脊棱明显外突，腹面中央突起呈脊状；两侧面斜平，具明显的网状纵皱纹。每果瓣内含种子 1 粒。种子短三棱形；长 1.5~1.8 毫米，宽约 1.4 毫米；暗褐色，表面平坦，被一薄层黄褐色蜡质物；背面钝圆，腹面中部突起成钝脊，形成两侧面，斜平，基部脊棱略突出。种脐位于种子基部，钝三角形，棕褐色，脐上常覆以残存的珠柄。种子胚弯曲，乳白色，子叶回旋折叠，有少量胚乳。（见图 2.4）

分布　广布于热带地区，包括拉丁美洲、北美洲、非洲、亚洲。

10

中文名：**冬葵**

学　名：*Malva verticillata var. crispa*

　　属：**锦葵属 Malva**

图 2.5 冬葵

分布　在中国，分布较广；印度及欧洲等也有分布。

形态特征

　　果实为分果，扁圆形，由 10 或 11 个心皮组成，成熟时各心皮自中轴彼此分离，心皮不开裂，圆形，直径 2~2.5 毫米，淡黄褐色，两侧扁平，质地较软，背面宽厚，圆形，有网纹，不明显，网脊明显较低，腹面较窄薄，近中部有一凹口；两侧面有辐射状纵纹，成脊状。每果瓣内含种子 1 粒。种子两侧扁，近圆形；直径 2~2.5 毫米，红褐色；表面有模糊的不规则波状细横纹，外被一薄层与种皮同色的蜡质物，两侧扁，而中基部微凹；种子背面圆形较厚，腹面较薄。种脐位于种子腹面的凹口内。无胚乳，胚弯曲，子叶回旋状折叠。（见图 2.5）

11

中文名：**圆叶锦葵**

学　名：*Malva pusilla*

　　属：**锦葵属 Malva**

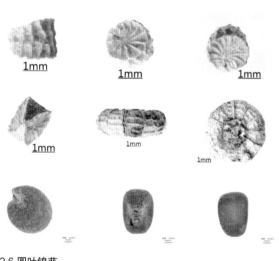

图 2.6 圆叶锦葵

分布　在中国，分布于河北、山东、河南、山西、陕西、甘肃、新疆、西藏、四川、贵州、云南、江苏和安徽等地；欧洲和亚洲其他国家（地区）均有分布。

形态特征

　　果实为分果，由 10~12 个心皮构成，灰黄色，圆盘状，两侧扁，有毛，成熟时各心皮自中轴分离，心皮不开裂，近圆形，直径 1.5~2.5 毫米；背面较宽厚，圆形，具明显隆起的辐射状纵纹约十余条，有时纵纹略呈波状。每果瓣内含种子 1 粒。种子近圆形，两侧扁，直径 1.5~2 毫米；表面具清晰的波状细横纹，外被一薄层白色易擦掉的蜡质物；背面圆形，较厚，腹面较薄，中部有 1 深凹口。种脐位于种子腹面的凹口内，具辐射状密条纹，黑褐色，周围灰白色。种子横切面矩形，胚弯生，红褐色，子叶回旋折叠；有少量胚乳。（见图 2.6）

中文名：**芙蓉葵**

学　名：*Hibiscus moscheutos*

属：**木槿属 Hibiscus**

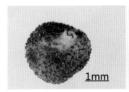

图 2.7 芙蓉葵

形态特征

　　蒴果圆锥状卵形，长 2.5~3 厘米，果爿 5，无毛。种子近圆肾形，黑褐色，表面粗糙，有排列整齐的细网纹，细纵纹外有纵向排列的粗大的棕褐色的突起，顶端尖，种脐位于顶端下部，椭圆形，覆有蜡状物，直径约 2~3 毫米。（见图 2.7）

分布　原产于美国东部。中国各地有栽培，供园林观赏用，威海有见逃逸。

图 2.8 野西瓜苗

中文名：**野西瓜苗**

学　名：*Hibiscus trionum*

属：**木槿属 Hibiscus**

形态特征

　　果实为蒴果，矩圆状球形，直径约 1 厘米，有粗毛，果瓣 5，内含多数种子。种子长、宽均为 1.8~2 毫米；黑褐色至灰黑色；肾脏心形，两侧略扁；表面粗糙，具不规则黄褐色或灰褐色的颗粒状突起；背面钝圆弓隆，腹面斜内凹。种脐位于种子腹面近基部的凹陷内，长卵圆形，其上常残存珠柄，种脐黑色。种子纵切面肾形，横切面卵圆形；子叶回旋折叠，淡黄色；种子无胚乳。（见图 2.8）

分布　原产于中国、印度，以及南欧等。现世界各地广布。

生境　生于路旁、田埂、荒地和旷野。野生杂草。

14

中文名：**苘麻**

学　名：***Abutilon theophrasti***

属：**苘麻属 Abutilon**

图 2.9 苘麻

形态特征

　　果实为蒴果，半球形，直径约 2 厘米，由 15~20 分果瓣组成，果瓣长肾形，长约 1.5 厘米，直径 8 毫米，黑褐色，顶端具 2 长芒，背面圆隆，被长柔毛，内含种子 3 粒。种子长 3~5 毫米，宽 2.8~3 毫米；灰褐色至黑褐色；肾形或三角状肾形，两侧面稍平或微凹，表面密布细微颗粒状及 1 薄层淡褐色檀盖物，但极易擦掉，背面较宽厚弓隆，腹面内凹。种脐位于种子腹面凹陷处，长卵形，中央有 1 纵脊，两侧具排列整齐的蓖齿状纹；脐上常盖 1 延长成匙状的珠柄。种子横切面长椭圆形；胚弯曲，子叶折叠，淡黄白色；有少量的乳白色胚乳。（见图 2.9 ）

分布 在中国，除青藏高原不产外，其他各地均产，东北各地有栽培；越南、印度、日本，以及欧洲、北美洲等地也有分布。

生境 常见于路旁、荒地和田野间。

用途 本种的茎皮纤维色白，具光泽，可编织麻袋、搓绳索、编麻鞋等纺织材料。种子含油量约 15%~16%，供制皂、油漆和工业用润滑油；种子作药用称"冬葵子"，润滑性利尿剂，并有通乳汁、消乳腺炎、顺产等功效。全草也作药用。

图 2.10 蜀葵

15

中文名：**蜀葵**

学　名：***Alcea rosea***

属：**蜀葵属 Alcea**

形态特征

　　果实为分果，成熟时每个心皮自中轴分离，分果盘状，直径 7~8 毫米，两侧扁平，分果瓣的外缘有鸣冠状的边，上面具辐射状排列的皱纹，纹脊突起明显，周边上有 1 深缺口，分果中部有 1 弯沟状的槽，槽上有长毛，槽及中部为黄褐色或灰褐色。内含种子 1 粒。种子肾形，两侧扁平，长 3~3.5 毫米，宽 2~2.3 毫米，厚不及 1 毫米；灰褐色，表面密布黄白色的附属物，背面凸圆，腹面内弯，中央凹入成沟状。种脐位于腹面近基端，线形，脐上被长的茸毛状物所锐盖。种子横切面长心脏形；子叶黄褐色，折叠；种子无胚乳。（见图 2.10 ）

分布 原产中国西南地区，全国各地广泛栽培供园林观赏用。世界各国均有栽培供观赏用。

用途 全草入药，有清热止血、消肿解毒之功，治吐血、血崩等症。茎皮含纤维可代麻用。

董菜科

Violaceae

图 3.1 早开堇菜

16

中文名：**早开堇菜**

学　名：*Viola prionantha*

　　属：**堇菜属 Viola**

形态特征

　　蒴果狭椭圆形，5~12 毫米，无毛，先端钝，通常具宿存花柱。种子多数，深棕色，卵球状球形，长约 2 毫米，直径约 1 毫米，通常具棕色点，表面布满浅褐色突起的纹饰，背面隆起，基部渐尖，端部钝圆，腹面具黑褐色脐条，脐条上通种子顶端的黑褐色稍凹的圆形合点区，下连种脐。种脐位于腹侧下部，斜生，椭圆形，两端尖，被白色隆起的海绵质种阜所覆盖。（见图 3.1）

分布 在中国，分布于黑龙江、吉林、辽宁、内蒙古、河北、山西、陕西、宁夏、甘肃、山东、江苏、河南、湖北、云南等地；朝鲜、俄罗斯（远东地区）也有分布。

用途 全草供药用，可清热解毒，除脓消炎；捣烂外敷可排脓、消炎、生肌。本种花形较大，色艳丽，4 月上旬开始开花，中旬进入盛花期，是一种美丽的观赏植物。

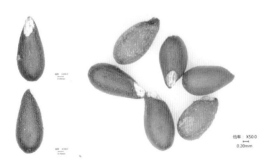

图 3.2 三色堇

17

中文名：**三色堇**

学　名：*Viola tricolor*

　　属：**堇菜属 Viola**

形态特征

　　种子倒卵形，棕褐色，长约 2 毫米，宽约 1 毫米，表面平滑或具细颗粒状纵纹，背面稍弓曲，腹面具黑褐色脐条，及条上通种子顶端的黑褐色稍凹的圆形合点区，下连种脐。种脐位于腹侧下部，斜生，椭圆形，两端尖，被白色隆起的海绵质种阜所覆盖。（见图 3.2）

分布 在中国，分布于云南、四川、贵州、广西、广东、福建、台湾、浙江、江西、湖南、湖北、江苏、浙江等地；印度、越南、朝鲜、日本也有分布。

生境 生于海拔 500~2500 米的平原或丘陵田边、沟旁水湿地。

四

罂粟科
Papaveraceae

18

中文名：**紫堇**

学　名：*Corydalis bungeana*

属：**紫堇属 Corydalis**

图 4.1 紫堇

形态特征

　　蒴果线形，下垂，长 3~3.5 厘米，具 1 列种子。种子直径约 1.5 毫米，密生环状小凹点；表面黑色，卵状圆形至圆形，背面隆起，腹面凹陷，种脐位于腹面凹陷内，灰褐色，种阜小，紧贴种子。（见图 4.1）

分布　在中国，分布于辽宁（千山）、北京、河北（沙河）、山西、河南、陕西、甘肃、四川、云南、贵州、湖北、江西、安徽、江苏、浙江、福建等地；日本、蒙古国（东南部）、朝鲜（北部）和俄罗斯（远东地区的腊兹多耳诺耶河谷）等也有分布或逸生。

19

中文名：**花菱草**

学　名：*Eschscholzia californica*

属：**花菱草属 Eschscholzia**

分布　原产于美国加利福尼亚州，分布于美国、墨西哥。中国广泛引种作庭园观赏植物。

1mm

1mm　　　　　　　**1mm**

图 4.2 花菱草

形态特征

　　蒴果线形，长达 7 厘米，成熟时从基部 2 瓣开裂，内含种子多数。种子近球形或卵圆形，长 1.4~1.8 毫米，宽 1.2~1.5 毫米。种皮黄褐色或褐色，质硬，表面具排列不规则的粗网纹，纹棱脊状，呈淡黄色，网眼四角形、五角形或不规则形，大网眼底部又有密而细的小网纹。种脐圆形，位于种子基部中央，自脐部沿腹面至顶端有 1 条浅黄色种脊。种子内含丰富的油质胚乳；胚微小。（见图 4.2）

20

中文名：**蓟罂粟**

学 名：*Argemone mexicana*

属：**蓟罂粟属 Argemone**

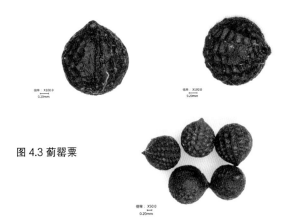

图 4.3 蓟罂粟

形态特征

种子近球形，易滚动，直径约 1.5 毫米，黑色至黑褐色；表面粗糙，具整齐的网纹，网壁粗，背部网眼为横的长方形，腹部网眼为五角形或六角形；背面弓曲度大，腹面弓曲度小。种脐位于种子腹面基部，长椭圆形，略凹陷；种脐上方具棱状脊，直达顶端。（见图 4.3）

分布 原产于中美洲和美洲热带地区。在中国，台湾、福建、广东（沿海）及云南有逸生，多地有栽培；大西洋、印度洋、南太平洋沿岸常见逸生，在次大陆深入到西喜马拉雅山区及尼泊尔。

图 4.4 虞美人

21

中文名：**虞美人**

学 名：*Papaver rhoeas*

属：**罂粟属 Papaver**

形态特征

果实为蒴果，近圆球形，直径 1.1~1.4 厘米，表面常光滑，成熟时孔裂，内含种子多数。种子细小，肾形，长 0.6~0.9 毫米，宽 0.5~0.8 毫米；黄褐色、红褐色、褐色或深褐色；表面具明显突出呈半环状弯曲排列的网状纹，网脊稍低，网眼四角形或五角形；背面圆形，腹面内弯曲。种脐位于种子腹面凹陷内，淡白色或与种皮同色。种子含丰富的黄色油质胚乳；胚微小。（见图 4.4）

分布 原产于欧洲。中国各地常见栽培，为观赏植物。

用途 花和全株入药，含多种生物碱，有镇咳、止泻、镇痛、镇静等功效。

22

中文名：**花椒罂粟**

学　名：*Papaver argemone*

　属：**罂粟属 Papaver**

形态特征

　　果实为蒴果，黄褐色，长圆筒形，向基部渐狭，长约1~2厘米，宽约5毫米，具两条纵脊，表面粗糙，具刺毛，内含多粒种子。种子长肾形，略扁，棕褐色，长约0.7毫米，宽约0.5毫米，表面具大孔网纹，网壁稍显模糊，粗糙，多为菱形，背面弓曲，腹面凹陷在中下部，种脐位于腹面凹陷处，条形，中部为黄色立起的片状物。（见图4.5）

图4.5 花椒罂粟

分布 原产于欧洲。美国加州有分布；中国威海草坪中有发现。

图4.6 秃疮花

形态特征

　　蒴果细圆筒形，长约4~10厘米，粗约4毫米。种子肾形或卵形，长0.7~0.8毫米，宽约0.5毫米，表面黑色，稍有光泽，无毛，具粗网纹，腹面具1明显的纵脊，直通到种脐处，没有顶饰，种脐位于狭端的腹面纵脊上，圆形，微凹陷。（见图4.6）

23

中文名：**秃疮花**

学　名：*Dicranostigma leptopodum*

　属：**秃疮花属 Dicranostigma**

分布 在中国，分布于云南西北部、四川西部、西藏南部、青海东部、甘肃南部至东南部、陕西秦岭北坡、山西南部、河北西南部和河南西北部；山东威海也有发现。

生境 生于海拔400~2900（~3700）米[①]的草坡或路旁，田埂、墙头、屋顶也常见。

用途 根及全草药用，有清热解毒、消肿镇痛、杀虫等功效，治风火牙痛、咽喉痛、扁桃体炎、淋巴结核、秃疮、疮疖疥癣、痈疽。

①极少数在3700米有发现，正常生境为400~2900米。

五

十字花科
Brassicaceae

中文名：**白菜**

学　名：***Brassica rapa* var. *glabra***

属：**芸薹属 Brassica**

图 5.1 白菜

形态特征

　　长角果较粗短，长 3~6 厘米，宽约 3 毫米，两侧压扁，直立，喙长 4~10 毫米，宽约 1 毫米，顶端圆；果梗开展或上升，长 2.5~3 厘米，较粗。种子球形，直径 1~1.5 毫米，棕色，表面粗糙，种脐较小，略突出，黑褐色，其外表灰白色。种子无胚乳；子叶折叠。（见图 5.1）

分布　原产于中国华北。现各地广泛栽培。

图 5.2 地中海野芜菁

分布　原产于地中海沿岸。现澳大利亚有分布。

中文名：**地中海野芜菁**

学　名：***Brassica tournefortii***

属：**芸薹属 Brassica**

形态特征

　　果实为长角果，线状圆柱形；先端具喙，喙的基部含种子 1 粒或 2 粒；成熟时 2 瓣开裂，内含种子多数。种子较小，圆球形，直径 1~1.5 毫米；红褐色至灰褐色；表面具极明显的灰白色网状纹，排列较规则；种子水湿后有黏液，横切面圆形。种脐较小，略突出，黑褐色，其外表灰白色。种子无胚乳；子叶折叠。（见图 5.2）

26

中文名：**黑芥**

学　名：*Brassica nigra*

属：**芸薹属 Brassica**

倍率：X100.0

0.20mm

图 5.3 黑芥

形态特征

　　种子球形，易滚动，直径约 1.1 毫米；棕褐色至黑褐色；表面粗糙，具皱状网纹（粗看似纵沟，细看为浅网纹）。种脐位于胚根尖一侧，椭圆形，有小瘤突，色同种皮；种脐另一侧（胚根尖对侧）无圆斑。胚根与子叶近等长，对折于子叶中，有的种子可见胚根陷入子叶的凹痕；胚根间稍突出于种子基端，色深。（见图 5.3）

分布　在中国，分布于西藏等地；地中海沿岸、欧洲中部、非洲北部也有分布。

1mm　　　1mm

1mm　　　1mm

图 5.4 野油菜

分布　欧洲、北美洲。

27

中文名：**野油菜**

学　名：*Brassica campestris* var. *rapa*

属：**芸薹属 Brassica**

形态特征

　　种子球形或略扁，直径约 1.7 毫米；灰黑色或红褐色，表面具灰白色细网纹；背面圆，腹面具子叶对折边缘与胚根形成的带状平面。种脐位于种子基部，圆形，具灰白色覆盖物；种脐与胚根尖之间具 1 条褐色突。（见图 5.4）

28

中文名：**油菜**

学　名：***Brassica rapa* var. *oleifera***

属：**芸薹属 Brassica**

倍率：X100.0
0.20mm

图 5.5 油菜

形态特征

　　长角果线形，长 5~15 毫米。顶端有直立的喙，成熟时 2 瓣开裂，果瓣背面凸起，其中间有 1 条中脉及数条不甚明显而近网状的侧脉，内含多数种子。种子近球形，直径 1.5~2 毫米。种皮红褐色或棕黄色至灰黑色，表面具明显的灰白色细网状纹，排列不规则。种脐小，呈黑褐色，其上面有灰白色覆盖物。种子无胚乳，子叶对褶包胚根。（见图 5.5）

分布 世界各地均有栽培。

1mm

1mm

1mm

29

中文名：**芸苔**

学　名：***Brassica napus***

属：**芸薹属 Brassica**

形态特征

　　种子球形，稍扁；直径 1.7~2.7 毫米，厚 1.2~2.5 毫米。胚根旁有 1 条不明显的上宽下窄的沟；靠近顶端为褐色。种脐区呈圆形的圈，白色；脐小，褐色。近脐处有小突起。表面黑褐色或褐色，具有许多小穴。子叶折叠形状如"O>>"。（见图 5.6）

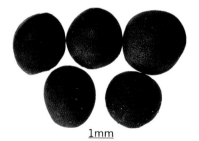

1mm

图 5.6 芸苔

分布 世界各国广泛栽培；有时逸为野生。

30

中文名：**新疆白芥**

学　名：*Sinapis arvensis*

属：**白芥属 Sinapis**

图 5.7 新疆白芥

形态特征

　　长角果线形，长 1~2 厘米，宽 1.5~2.5 毫米。顶端具喙，成熟时 2 瓣开裂，每个果瓣及其喙具 3 条明显的平行脉，内含 5~15 粒种子。种子球形或阔椭圆形，直径约 1~1.5 毫米。种皮褐色或暗红褐色，表面光滑，具不明显的细网状纹，稍有光泽。种脐圆形，较大而明显，位于种子基部凹陷中。种子无胚乳，子叶对折包胚根。（见图 5.7）

分布 欧洲、北美洲。

图 5.8 独行菜

分布 在中国，广泛分布于东北、华北、西北、西南等地区；亚洲其他国家（地区），以及欧洲等也有分布。

31

中文名：**独行菜**

学　名：*Lepidium sativum*

属：**独行菜属 Lepidium**

形态特征

　　短角果圆形或阔椭圆形，扁平状，直径约 2.3 毫米；顶端凹刻，其中央具 1 枚短小的残存花柱；成熟时 2 瓣开裂，每室含种子 1 粒；果皮淡黄色，表面光滑，具不明显的网纹。种子歪倒卵形，长 1.3~1.5 毫米，宽 0.6~0.8 毫米；扁平状，一侧较厚，向另一侧渐薄；横切面呈锐三角形；种子边缘具浅黄色膜质窄翅。种皮薄，棕红色，表面平滑，无光泽。种脐位于种子基端凹陷内。种子无胚乳；子叶背倚胚根。（见图 5.8）

32

中文名：**瓢果独行菜**

学　名：*Lepidium campestre*

　属：**独行菜属 Lepidium**

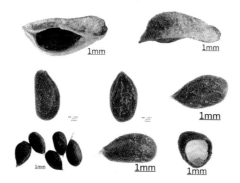

图 5.9 瓢果独行菜

分布 在中国，分布于辽宁（大连市），为外来植物；分布于欧洲及小亚细亚等地区，传播至美洲。

图 5.10 北美独行菜

形态特征

　　种子呈不规则阔卵形或椭圆形，扁平，黄褐色至暗红色，长约 2 毫米，宽约 1 毫米；表面粗糙，密被点状小瘤突；顶端钝圆，具窄翅，基端有小凹缺。种脐位于种子小凹缺内，黄白色，有时残存淡黄色的珠柄。胚根位于子叶背面，与子叶等长，两者之间具弧形凹痕；胚根一侧弓曲。弓曲边缘具半透明窄翅；子叶一侧平直。（见图 5.10）

形态特征

　　短角果椭圆状阔卵形或阔卵形，长 5~6 毫米，宽 4~5 毫米。扁形，一面内凹呈瓢状，果实上部具宽翅，先端深凹缺，其中央有残存花柱，长可超出缺口，果皮表面密布泡沫状小突起，成熟时 2 瓣开裂，每室含 1 粒种子。种子倒卵形或椭圆状倒卵形，三面体状，长 2~2.5 毫米，宽 1~1.5 毫米；棕褐色至棕黑色；表面粗糙，密被小瘤状突起；一面平坦或微凹，另一面中间具背倚的胚根隆起把腹部分成两个斜面。种脐位于种子基部凹缺内，黄褐色。胚根两侧各有 1 黄褐色或灰白色线与子叶为界；顶端钝圆，基部截平具小凹缺，有时具残存的珠柄。（见图 5.9）

33

中文名：**北美独行菜**

学　名：*Lepidium virginicum*

　属：**独行菜属 Lepidium**

分布 原产于美洲。在中国，分布于山东、河南、安徽、江苏、浙江、福建、湖北、江西、广西等地；欧洲有分布。

生境 生在田边或荒地，为田间杂草。

用途 种子入药，有利水消肿、泻肺平喘的功效，也作葶苈子用；全草可作饲料。

34

中文名：**播娘蒿**

学　名：*Descurainia sophia*

　　属：**播娘蒿属 Descurainia**

图 5.11 播娘蒿

形态特征

　　种子矩圆形或近卵形，平凸，长约 0.9 毫米，宽约 0.4 毫米；黄褐色至深褐色，表面具横长的纤细网纹。胚根比子叶稍长，背倚于子叶，两片子叶之间以及子叶与胚根之间都有条状凹痕，顶端钝圆或偏斜，基端近截平，色深。种脐位于基端，白膜质。（见图 5.11）

分布 在中国，分布于除华南外各地；亚洲其他国家（地区），以及欧洲、非洲、北美洲等均有分布。

生境 生于山坡、田野及农田。

生境 种子含油 40%，油工业用，并可食用；种子亦可药用，有利尿消肿、祛痰定喘的效用。

倍率：X30.0

0.20mm

图 5.12 捕蝇荠

分布 分布于欧洲、亚洲、大洋洲，以及美国北部等。中国尚无记载。

35

中文名：**捕蝇荠**

学　名：*Myagrum perfoliatum*

　　属：**鸟眼荠属 Myagrum**

形态特征

　　短角果倒三角形，长 5~7 毫米；顶端截平，其中央具短喙，基部有柄，稍扁；沿果背纵切面倒三角形，上部 3 室，其上方 2 室中空，下方 1 室含种子 1 粒，果柄上端中空，与果实基部相连，有时内有白色泡状物；果皮淡褐色至灰褐色。种子倒卵形，长 2.5~3 毫米，宽 1.5~2 毫米；顶端稍平，基部钝尖。种皮黄褐色，表面有数条不甚明显的纵隆纹和极细微的网状纹。种脐较大，椭圆形，黑褐色。种子无胚乳；子叶背倚胚根。（见图 5.12）

36

中文名：**山芥**

学　名：*Barbarea Orthoceras*

　属：**山芥属 Barbarea**

1mm　1mm　1mm　1mm

图 5.13 山芥

形态特征

　　种子长圆状矩圆形，扁平，长约 1.2 毫米，宽约 0.8 毫米；红褐色至紫褐色，表面颗粒状粗糙；边缘具窄翅状锐棱或局部延为窄翅，两面均可看到子叶与胚根间的纵沟；顶端钝圆，基部具凹缺和薄的珠柄残存物。胚根位于子叶的一侧，比子叶短。子叶顶端种皮具黑褐色斑。（见图 5.13）

分布　在中国，分布于黑龙江、吉林、辽宁、内蒙古及新疆（北部）等地；蒙古国、俄罗斯、朝鲜、日本也有分布。

生境　生于草甸、河岸、溪谷、河滩湿草地及山地潮湿处，海拔 450~2100 米。

倍率：X50.0
0.20mm
倍率：X50.0
0.20mm

图 5.14 东方贡林菜

37

中文名：**东方贡林菜**

学　名：*Conringia orientalis*

　属：**线果芥属 Conringia**

形态特征

　　种子短柱状椭圆形，长约 2.5 毫米，宽约 1.2 毫米，褐色至黑褐色，或局部黄色；表面粒状粗糙，顶端圆。种脐位于种子基部，片状或丘状隆起。子叶背倚，胚根长于子叶，在基部侧形成突起；胚根与子叶之间有明显的纵沟，胚根尖端具深色圆形种孔。（见图 5.14）

分布　分布于欧洲、亚洲、北美洲、非洲（北部）、大洋洲（西部）等。

38

中文名：**印度蔊菜**

学　名：*Rorippa indica*

属：**蔊菜属 Rorippa**

形态特征

　　种子形状不规则，大多为椭圆形，也有卵形、矩圆形等，略扁，一面较平，一面凸，长约 0.7 毫米，宽约 0.5 毫米；黄色或黄褐色；表面具粗颗粒，略显粗糙；顶端或圆或平或尖。种脐位于种子基部凹缺处，一端为胚根尖突起，另一端为子叶。胚根位于子叶边缘，略短于子叶，两者靠拢，基端凹缺甚小至无；子叶端具黑斑。（见图 5.15）

倍率：X150.0

0.20mm

图 5.15 印度蔊菜

分布 在中国，分布于山东、河南、江苏、浙江、福建、台湾、湖南、江西、广东、陕西、甘肃、四川、云南等地；日本、朝鲜、菲律宾、印度尼西亚、印度等也有分布。

生境 生于路旁、田边、园圃、河边、屋边墙脚及山坡路旁等较潮湿处，海拔 230~1450 米。

用途 全草入药，内服有解表健胃、止咳化痰、平喘、清热解毒、散热消肿等功效；外用治痈肿疮毒及烫火伤。

1mm　1mm

1mm　1mm

图 5.16 犁头菜

形态特征

　　短角果扁阔卵形，长 1.2~1.8 厘米，宽 1~1.6 厘米。果实顶端深凹，边缘有宽翅，果皮淡黄色，表面有 5~7 条平行的纵棱，有光泽，成熟时 2 瓣开裂，内含 4~12 粒种子。种子阔卵形，两侧扁，长约 2 毫米，宽约 1.5 毫米。种皮棕褐色，表面有 10 余条环状棱纹，环棱间有极细而密的横纹，并有光泽。种脐白色，位于种子基部凹陷内，种子无胚乳，胚的子叶缘倚胚根。（见图 5.16）

39

中文名：**犁头菜**

学　名：*Thlaspi arvense*

属：**菥蓂属 Thlaspi**

分布 在中国，分布几遍全国；亚洲其他国家（地区），以及欧洲、非洲（北部）等也有分布。

生境 生在平地路旁，沟边或村落附近。

用途 种子油供制肥皂，也作润滑油，还可食用；全草、嫩苗和种子均入药。全草清热解毒、消肿排脓；种子利肝明目；嫩苗和中益气、利肝明目，用水焯后，浸去酸辣味，加油盐调食。

40

中文名：**萝卜**

学　名：*Raphanus sativus*

　　属：**萝卜属 Raphanus**

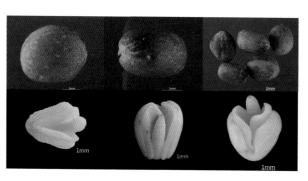

形态特征

　　长角果圆柱形，长 3~6 厘米，宽 10~12 毫米，在相当种子间处缢缩，并形成海绵质横隔；顶端喙长 1~1.5 厘米；果梗长 1~1.5 厘米，果皮木质化，较坚硬，表面常具纵隆纹。种子 1~6 个，卵形，微扁，长约 3 毫米，红棕色，有细网纹，无光泽。胚根显著隆起呈纵脊，脊的两侧各形成 1 条纵沟直达合点区；胚根包于子叶的褶缝中。种子无胚乳；子叶折叠。（见图 5.17）

图 5.17 萝卜

分布　中国各地普遍栽培。

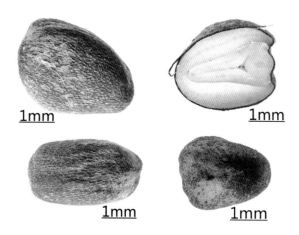

图 5.18 野萝卜

分布　欧洲、亚洲、非洲（北部）、大洋洲、美洲均有分布。中国新记录种。

41

中文名：**野萝卜**

学　名：*Raphanus raphanistrum*

　　属：**萝卜属 Raphanus**

形态特征

　　形态特征：果实为长角果，圆柱形或近念珠状，长 2~4 厘米，宽 2.5~3.5 毫米，灰白色或淡黄绿色，具长 1~3 厘米的喙，成熟时不开裂，但常横断成长短不一的节，每节内含种子 1 粒或 2 粒；果皮木质化，较坚硬，表面常具纵隆纹，并常带紫色；种子椭圆形，略扁，长 2.5~3.5 毫米，宽、厚均为 2~3 毫米；红褐色，表面具明显的细网状纹，无光泽。胚根显著隆起呈纵脊，脊的两侧各形成 1 条纵沟直达合点区；胚根包于子叶的褶缝中。种子无胚乳；子叶折叠。（见图 5.18）

中文名：**荠**

学　名：*Capsella bursa-pastoris*

属：**荠属 Capsella**

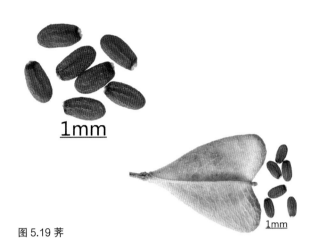

图 5.19 荠

形态特征

　　种子细小，长椭圆形至长圆状倒卵形，略扁，长 0.8~1 毫米，宽 0.3~0.5 毫米；黄褐色至褐色，表面细颗粒状，略显粗糙。种脐位于种子基端的小凹缺内，白色。胚根背倚子叶，与子叶近等长；胚根与子叶之间有显著的沟痕。（见图 5.19）

分布　全世界温带地区广布；在中国，分布于全国各地。

生境　野生，偶有栽培。生在山坡、田边及路旁。

用途　全草入药，有利尿、止血、清热、明目、消积功效；茎叶作蔬菜食用；种子含油 20%~30%，属干性油，供制油漆及肥皂用。

图 5.20 小果亚麻荠

分布　在中国，分布于黑龙江、内蒙古、山东、河南、新疆等地；俄罗斯的西伯利亚地区，以及中亚、欧洲等均有分布。

生境　生于林缘、山地、平原及农田。

中文名：**小果亚麻荠**

学　名：*Camelina microcarpa*

属：**亚麻荠属 Camelina**

形态特征

　　短角果倒阔卵形，长 4~6 毫米，宽 2.5~3 毫米；先端具短喙，果实两面中间有 1 条纵脉，果皮淡黄褐色，表面有细微的不规则网纹，成熟时 2 瓣裂，内含多数种子。种子阔椭圆形，长 1~1.5 毫米，宽 0.5 毫米；种皮红褐色，表面具极微小的颗粒状突起，并被一薄层胶质物，水湿后成粘液状。种脐褐色，其上覆有残存的白色珠柄。种子无胚乳，胚的子叶背倚胚根。（见图 5.20）

44

中文名：**皱匕果芥**

学　名：*Rapistrum rugosum*

属：**匕果芥属 Rapistrum**

倍率：X30.0

0.20mm

图 5.21 皱匕果芥

形态特征

　　短角果 2 节，顶节圆球形，直径约 3 毫米，基节柱形，长约 2.5 毫米，直径约 1 毫米；淡黄色或黄白色；顶节表面具 10 余条疣状纵脊，基节表面平滑或有疣状突起；顶节基部与基节脱离后形成两个半月形截面，两边缘各具 5 个维管束痕，基节两端截平；果皮甚厚。种子卵圆形或椭圆形，稍扁；黄褐色；有时显出子叶对折包夹胚根两侧的沟痕。种脐位于种子基部，暗褐色，与突出的胚根相对。（见图 5.21）

分布　分布于欧洲、亚洲（西部）和非洲（东部）。

倍率　X100.0

0.20mm

45

中文名：**诸葛菜**

学　名：*Orychophragmus violaceus*

属：**诸葛菜属 Orychophragmus**

图 5.22 诸葛菜

倍率　X50.0

0.20mm

形态特征

　　种子圆柱形，稀三角形，因所处位置而不同，有的为卵状矩圆形，长约 3.0 毫米，宽约 0.7 毫米（圆柱形者）；淡黄色、褐色至暗褐色；表面粗糙，具纵向小突连成的棱线，局部有横线呈网状。种脐位于基部胚根尖的一侧，凹陷。胚根被包于对折的子叶之中，比子叶长；子叶与胚根之间有明显的沟痕。（见图 5.22）

分布　在中国，分布于东北、华北、西北、华东等地区；朝鲜有分布。

六

商陆科
Phytolaccaceae

46

中文名：**美洲商陆**

学　名：*Phytolacca americana*

　　属：**商陆属 Phytolacca**

1mm　　　1mm

图 6.1 美洲商陆

形态特征

　　果实为浆果状分果，轮状，横扁圆形，直径约 7 毫米，黄褐色至黑紫色，内含种子 10 粒。种子扁圆形或短肾形，直径约 2.5 毫米；黑色，表面光滑，有显著光泽；两侧呈凸透镜状，周缘圆滑，基部边缘较薄，并有一三角形的凹口。种脐位于腹面基部的凹陷处，明显突出，黄白色至黄褐色。胚大环形，乳白色，围绕着白色、粉质的胚乳，胚乳丰富。（见图 6.1）

分布 原产于北美。中国引入栽培，1960 年以后遍及河北、陕西、山东、江苏、浙江、江西、福建、河南、湖北、广东、四川、云南等地；或逸生，多见于山东、云南等地。

用途 根供药用，治水肿、白带、风湿，并有催吐作用；种子利尿；叶有解热作用，并治脚气。外用可治无名肿毒及皮肤寄生虫病。全草可作农药。

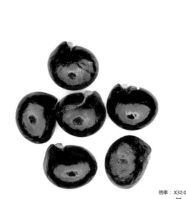

倍率：X30.0
0.20mm

图 6.2 商陆

形态特征

　　种子短肾形，扁，长约 3 毫米，宽约 2 毫米，表面黑色，有光泽，具皱纹，沿背有 1 条明显的窄纵棱；脐位于种子中下部，横椭圆形，中间为小突起，浅黄色，胚环状，包围胚乳。（见图 6.2）

47

中文名：**商陆**

学　名：*Phytolacca acinosa*

　　属：**商陆属 Phytolacca**

分布 在中国，除东北、内蒙古、青海、新疆外，广泛分布；朝鲜、日本及印度也有分布。

分布 生于海拔 500~3400 米的沟谷、山坡林下、林缘路旁。

分布 根入药，以白色肥大者为佳，红根有剧毒，仅供外用。通二便、逐水、散结，治水肿、胀满、脚气、喉痹；外敷治痈肿疮毒；也可作兽药及农药。果实含鞣质，可提制栲胶。

七

藜科
Chenopodiaceae

48

中文名：**地肤**

学　名：*Kochia scoparia*

　　属：**地肤属 Kochia**

1mm

1mm

图 7.1 地肤

形态特征

　　果实为胞果，为宿存花被所包。胞果椭圆形，浅灰白色，中央有 1 圆形花柱残痕，易折断；花被 5 片，背部龙骨状或翅状；果皮极薄，膜质，上部有较细的辐射状裂纹。种子倒卵形，长 1.5~2.1 毫米，宽 1~1.2 毫米，厚约 1 毫米，棕褐色；顶端较尖，基部圆形。胚马蹄形，在种子边缘环绕胚乳；胚乳透明，黄白色。(见图 7.1)

分布　在中国，分布于各地；亚洲其他国家（地区），以及欧洲也有分布。

生境　生于田边、路旁、荒地等处。

用途　幼苗可作蔬菜；果实称"地肤子"，为常用中药，能清湿热、利尿，治尿痛、尿急、小便不利及荨麻疹，外用治皮肤癣及阴囊湿疹。

图 7.2 灰绿藜

分布　广布于南北半球的温带。

49

中文名：**灰绿藜**

学　名：*Chenopodium glaucum*

　　属：**藜属 Chenopodium**

形态特征

　　胞果完全裸露出宿存花被之外，扁圆形，直径约 0.5 毫米；顶端残存花柱，果脐不明显；果内含种子 1 粒；花被片极小，3 或 4 片，表面粗糙无光泽，边缘膜质；果皮薄，黄白色或灰绿色。种子与果实外形接近。种皮革质，暗褐色或亮褐色，表面有光泽和细微点纹。胚环状，环绕胚乳（外胚乳）。（见图 7.2）

 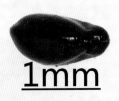

图 7.3 藜

中文名：**藜**

学　名：*Chenopodium glaucum*

属：**藜属 Chenopodium**

形态特征

　　胞果包藏于宿存花被内或顶端裸露，花被片中间有 1 条绿色纵棱脊，边缘膜质，白色。果体近圆形，直径 1~1.5 毫米，呈双凸透镜形，果皮膜质，与种子紧贴。种子形状、大小与果实相同；种皮黑色，表面光滑，具不明显的沟纹，有光泽，边缘较薄成为一圈窄薄边，种脐位于种子基部微凹处。种皮革质，胚环状，围绕着胚乳（外胚乳）。（见图 7.3）

分布 遍及全球温带及热带；中国各地均有分布。

生境 生于丘陵、旱坡、田埂、路旁、荒地阴湿处。

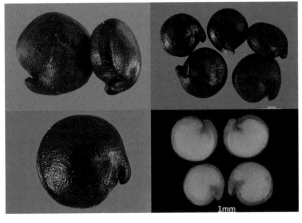

图 7.4 藜麦

分布 原产于南美洲。现许多国家引种或计划引种。

中文名：**藜麦**

学　名：*Chenopodium quinoa*

属：**藜属 Chenopodium**

形态特征

　　种子扁圆形，两面凸起，直径约 2 毫米，厚约 0.8 毫米；表面红褐色至黑褐色，粗糙，密布微小颗粒，形成不规则的网纹，周边渐薄成一环带，环带上网纹向四周呈放射状。胚根突出成喙状，胚根尖周围网纹沿胚根方向竖向排列，颗粒较大，胚环形；种脐位于伸出胚根形成的凹陷内。（见图 7.4）

52

中文名：**小藜**

学　名：*Chenopodium ficifolium*

　　属：**藜属 Chenopodium**

图 7.5 小藜

形态特征

　　胞果完全包藏于宿存花被内，内含种子 1 粒；花被片背部隆起呈纵棱脊；果皮膜质，表面有蜂窝状脉纹，干燥后具白色粉末状小泡。种子扁圆形，直径约 1 毫米。种皮革质，亮黑色，表面具细微颗粒，边缘较薄。种脐小，位于种子基部凹陷内。胚环状，环绕胚乳（外胚乳）。（见图 7.5）

分布 除西藏未见标本外，中国各地都有分布。

生境 普通田间杂草，有时也生于荒地、道旁、垃圾堆等处。

图 7.6 乌丹虫实

53

中文名：**乌丹虫实**

学　名：*Corispermum candelabrum*

　　属：**虫实属 Corispermum**

形态特征

　　果实矩圆状倒卵形或宽椭圆形，长 3~5 毫米，宽 2~3.5 毫米，顶端圆形，基部近圆形或心脏形，背部凸起中央压扁，腹面扁平或凹入，被毛；果核椭圆形，顶端圆形，基部楔形，背部有时具瘤状突起；果喙粗短，喙尖为喙长的 1/3~1/2，直立或略叉分，翅明显，为核宽的 1/4~1/2，不透明，缘较薄，具不规则细齿或全缘。（见图 7.6）

分布 中国特产，分布于辽宁西部、河北北部和内蒙古等地。

八

苋科
Amaranthaceae

54

中文名：**碱蓬**

学　名：*Suaeda glauca*

　　属：**碱蓬属 Suaeda**

图 8.1 碱蓬

形态特征

胞果包在花被内，果皮膜质。种子横生或斜生，双凸镜形，红褐色或黑色，直径约 2 毫米，周边钝或锐，表面具清晰的颗粒状点纹，稍有光泽；种脐位于基部的凹陷内，常有宿存的花柱，胚乳很少。（见图 8.1）

分布　在中国，分布于黑龙江、内蒙古、河北、山东、江苏、浙江、河南、山西、陕西、宁夏、甘肃、青海、新疆南部等地；蒙古国、俄罗斯（西伯利亚及远东）、朝鲜、日本也有分布。

生境　生于海滨、荒地、渠岸、田边等含盐碱的土壤上。

用途　种子含油 25% 左右，可榨油供工业用。

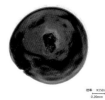

图 8.2 凹头苋

55

中文名：**凹头苋**

学　名：*Amaranthus blitum*

　　属：**苋属 Amaranthus**

分布　在中国，除内蒙古、宁夏、青海、西藏外，各地广泛分布；日本，以及欧洲、非洲北部及南美等也有分布。

生境　生在田野、人家附近的杂草地上。

用途　茎叶可作猪饲料；全草入药，用作缓和止痛、收敛、利尿、解热剂；种子有明目、利大小便、去寒热的功效；鲜根有清热解毒作用。

形态特征

胞果阔倒卵形，表面稍皱，不开裂；种子近圆形略扁，双凸透镜状，黑褐色，有光泽，直径约 1.1 毫米，表面具细颗粒状密条纹，边缘渐薄成带环状，环上具垂周排列的短条纹；种脐位于基部的凹陷处。（见图 8.2）

56

中文名：**长芒苋**

学　名：***Amaranthus palmeri***

　属：**苋属 Amaranthus**

图 8.3 长芒苋

形态特征

　　胞果近球形，黄褐色至棕褐色，有时红棕色，长 1.5~2 毫米，短于花被片，成熟时壁薄，近光滑或不明显皱缩，周裂。种子近圆形至阔卵形、阔椭圆形，长 0.9~1.1 毫米，深红褐色至褐色，有光泽。（见图 8.3）

分布　原产于北美洲。现分布于欧洲、亚洲、非洲的 40 多个国家（地区）；在中国，北京、天津、河北、江苏、浙江、福建，以及山东日照和烟台等地均有发现。

图 8.4 刺苋

57

中文名：**刺苋**

学　名：***Amaranthus spinosus***

　属：**苋属 Amaranthus**

分布　在中国，分布于陕西、河南、安徽、江苏、浙江、江西、湖南、湖北、四川、云南、贵州、广西、广东、福建、台湾等地；日本、印度、马来西亚、菲律宾，以及中南半岛和美洲等皆有分布。

生境　生在旷地或园圃的杂草。

用途　嫩茎叶作野菜食用；全草供药用，有清热解毒、散血消肿的功效。

形态特征

　　种子阔倒卵状圆形，略扁，双凸透镜状，褐色，有光泽，长约 0.9 毫米，宽约 0.8 毫米，表面光滑无毛，边缘渐薄成带环状，环上有细颗粒状同心条纹，环外缘棱状；种脐位于基端小凹陷处。（见图 8.4）

58

中文名：**繁穗苋**

学　名：*Amaranthus cruentus*

　属：**苋属 Amaranthus**

图 8.5 繁穗苋

形态特征

种子阔倒卵状圆形，略扁，双凸透镜状，黑褐色，有光泽，长约 1 毫米，宽约 0.9 毫米，表面具颗粒状细条纹，边缘渐薄成环带；带上具同心条纹，颗粒稍粗；种脐位于基端凹陷处，凹陷较深，两侧稍突出，呈鱼嘴状。（见图 8.5）

分布　中国各地栽培或野生；全世界广泛分布。

生境　生于海拔 2150 米以下。

用途　茎叶可作蔬菜，或栽培供观赏；种子为粮食作物，食用或酿酒。

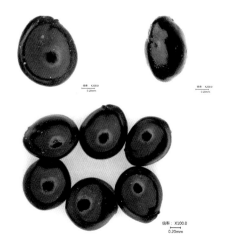

图 8.6 反枝苋

形态特征

种子阔倒卵状圆形，略扁，双凸透镜状，黑褐色，长约 1.2 毫米，宽约 1 毫米，表面光滑，具微细纵纹，有极强釉质光泽，边缘渐薄形成光泽较弱的环带；环带宽约 0.2 毫米，具同心排列的条纹，基部边缘具小凹陷，凹陷上缘明显外突；种脐位于基端凹陷内。（见图 8.6）

59

中文名：**反枝苋**

学　名：*Amaranthus retroflexus*

　属：**苋属 Amaranthus**

分布　原产于美洲热带。现广泛传播并归化于世界各地；在中国，分布于黑龙江、吉林、辽宁、内蒙古、河北、山东、山西、河南、陕西、甘肃、宁夏、新疆等地。

生境　生在田园内、农地旁、人家附近的草地上，有时生在瓦房上。

用途　嫩茎叶为野菜，也可作家畜饲料；种子作青葙子入药；全草药用，治腹泻、痢疾、痔疮肿痛出血等症。

中文名：**白苋**

学　名：*Amaranthus albus*

　属：**苋属 Amaranthus**

图 8.7 白苋

形态特征

种子阔倒卵状圆形，略扁，双凸透镜状，黑褐色，有光泽，直径约 1 毫米，表面布满细颗粒状密纹，中央密纹颗粒较小，边缘渐薄成环带；带上具同心条纹，颗粒稍大；种脐位于小凹陷内，凹陷浅，两侧较平。（见图 8.7）

分布 原产于北美洲。在中国，分布于黑龙江、河北、新疆等地；欧洲，以及俄罗斯（高加索地区、远东地区）、日本等也有分布。

生境 生在农舍附近、路旁及杂草地上。

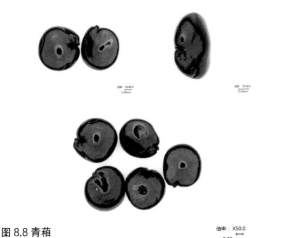

图 8.8 青葙

形态特征

胞果卵形，长 3~3.5 毫米，包裹在宿存花被片内。种子双凸透镜状肾形，扁，黑色，极光亮，直径约 1.1 毫米，表面具同心排列的细小皱纹；种脐明显，位于一边的缺刻内，稍突出。（见图 8.8）

中文名：**青葙**

学　名：*Celosia argentea*

　属：**青葙属 Celosia**

分布 在中国，分布几遍全国；朝鲜、日本、俄罗斯、印度、越南、缅甸、泰国、菲律宾、马来西亚，以及非洲热带等均有分布。

生境 野生或栽培，生于平原、田边、丘陵、山坡，海拔高达 1100 米。

用途 种子供药用，有清热明目作用；花序宿存经久不凋，可供观赏；种子炒熟后，可加工各种糖食；嫩茎叶浸去苦味后，可作野菜食用；全植物可作饲料。

62

中文名：**鸡冠花**

学　名：*Celosia cristata*

属：**青葙属 Celosia**

图 8.9 鸡冠花

形态特征

　　种子圆形或肾状圆形，两侧扁，呈双凸透镜形，直径约 2 毫米，种皮黑色，表面具同心排列的大颗粒，较密，具强光泽，边缘无带状周边，但有锐脊；种脐位于种子基部缺口处，两侧凸出，种皮坚硬，内含一环状胚，围绕着丰富的白色胚乳。（见图 8.9）

分布　中国南北各地均有栽培，广布于温暖地区。

用途　栽培供观赏；花和种子供药用，为收敛剂，有止血、凉血、止泻功效。

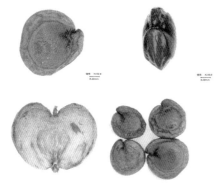

图 8.10 莲子草

倍率：X50.0
0.20mm

63

中文名：**莲子草**

学　名：*Alternanthera sessilis*

属：**莲子草属 Alternanthera**

形态特征

　　胞果倒心形，扁平，淡黄褐色，长约 2.5 毫米，宽约 2 毫米，顶端有凹，内有花柱残余，基部具 4 枚膜质宿存花被片，与果近等长，胞果含 1 粒种子。种子圆形，扁平，双凸透镜状，橘褐色至褐色，直径约 1 毫米，表面光滑，有光泽，边缘具薄而窄的边；种脐位于基部凹陷内。（见图 8.10）

分布　在中国，分布于安徽、江苏、浙江、江西、湖南、湖北、四川、云南、贵州、福建、台湾、广东、广西等地；印度、缅甸、越南、马来西亚、菲律宾等也有分布。

生境　生在草坡、水沟、田边或沼泽、海边潮湿处。

用途　全植物入药，有散瘀消毒、清火退热功效，治牙痛、痢疾，疗肠风、下血；嫩叶作为野菜食用，又可作饲料。

中文名：**千日红**

学　名：*Gomphrena globosa*

　属：**千日红属 Gomphrena**

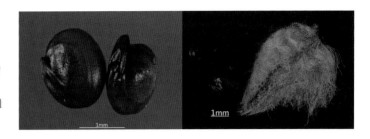

图 8.11 千日红

形态特征

　　胞果矩圆形或近球形，果皮薄膜质，外包绵毛的宿存花被，胞果内含一粒种子。种子为橙褐色或棕红色，扁圆状卵形，直径约 1.5 毫米，两面较扁，表面有光泽；胚根端部呈喙状突出，胚环状，黄褐色，黑围绕着白色的胚乳。（见图 8.11）

分布　原产于美洲热带。中国南北各地均有栽培。

用途　供观赏；花序入药，有止咳定喘、平肝明目功效，主治支气管哮喘，急、慢性支气管炎，百日咳，肺结核咯血等症。

倍率：X50.0
0.20mm

图 8.12 土牛膝

形态特征

　　胞果为宿存花被所包，外有一对贴生的小苞片；先端成刺状，略向外弯，基部具膜翅，短于花被片；花被与小苞片呈淡黄褐色，质地较硬。胞果长圆柱状；长约 2.5 毫米，直径约 1.2 毫米；浅棕色至深棕色；顶端平截，中央有 1 细长的易折断的残留花柱，基部钝圆；胚根有时略突出，中部有 1 细沟。（见图 8.12）

中文名：**土牛膝**

学　名：*Achyranthes aspera*

　属：**牛膝属 Achyranthes**

分布　在中国，分布于湖南、江西、福建、台湾、广东、广西、四川、云南、贵州等地；印度、越南、菲律宾、马来西亚等也有分布。

生境　生于山坡疏林或村庄附近空旷地，海拔 800~2300 米。

用途　根药用，有清热解毒、利尿功效，主治感冒发热、扁桃体炎、白喉、流行性腮腺炎、泌尿系结石、肾炎水肿等症。

九

石竹科

Caryophyllaceae

66

中文名：**金鱼草麦瓶草**

学　名：*Silene antirrhina*

　　属：**蝇子草属 Silene**

图 9.1 金鱼草麦瓶草

形态特征

　　种子两面略凹，圆形至肾形；长 0.6~0.7 毫米，宽 0.5~0.6 毫米，表面紫灰色或褐色，无光泽；复以同心排列的小瘤，瘤的尖端为黑点状，瘤的基部及其附近有锯齿状边饰，背面有 5 或 6 行小瘤；种脐在基部凹陷处。（见图 9.1）

分布 广泛分布于世界各地。

67

中文名：**麦瓶草**

学　名：*Silene conoidea*

　　属：**蝇子草属 Silene**

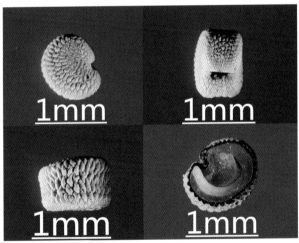

图 9.2 麦瓶草

分布 在中国，分布于黄河流域和长江流域各地，新疆和西藏也有分布；广布于亚洲其他国家（地区），以及欧洲、非洲等。

生境 常生于麦田中或荒地草坡。

用途 全草药用，治鼻衄、吐血、尿血、肺脓疡和月经不调等症。

形态特征

　　果实为蒴果，梨形，长约 15 毫米，直径 6~8 毫米，有光泽，花萼宿存，中部以上变细，内含种子多数。种子肾脏形，两侧压扁；长 1.2~1.4 毫米，宽 1~1.1 毫米，厚约 0.6 毫米；黄褐色至灰褐色；表面具数圈同心圆状排列的瘤状突起，小而密集；背面钝圆，周边有棱，中间凹入，并密布 4 或 5 行短棒状的小瘤状突起，形成环带状，腹面较平，中间凹入。种脐位于腹面的凹陷内，横裂口状。胚黄色，半环状，围绕着粉质白色的胚乳。（见图 9.2）

68

中文名：**女娄菜**

学　名：*Silene aprica*

属：**蝇子草属** Silene

图 9.3 女娄菜

倍率：X100.0
0.20mm

形态特征

种子为半月状肾形，长约 1 毫米，宽约 0.8 毫米；黑灰褐色；表面具排列较整齐的尖疣状突起；背部厚且弓形隆起，钝圆，具尖疣状突起 7 或 8 行，从背部至腹部渐薄；两面尖疣状隆起同心排列，4 或 5 行。种脐较大，位于种子腹面中部；深窝状，圆形。（见图 9.3）

分布 在中国，分布于大部分地区；朝鲜、日本、蒙古国和俄罗斯（西伯利亚和远东地区）等也有分布。

生境 生于平原、丘陵或山地。

用途 全草入药，治乳汁少、体虚浮肿等。

图 9.4 膀胱麦瓶草

形态特征

种子肾形，长约 1.4~1.5 毫米，宽约 1.1~1.2 毫米，表面棕褐色至黑色，无光泽，覆以小瘤状突起，小瘤顶端具黑点，小瘤基部及其附近呈锯齿状边饰，背面的小瘤 6 或 7 行，排列密度大，整个小瘤为同心排列，种脐两侧略凹陷，两侧的小瘤 4 或 5 行，排列稀疏，种脐中央凹陷。（见图 9.4）

69

中文名：**膀胱麦瓶草**

学　名：*Silene vulgaris*

属：**蝇子草属** Silene

分布 在中国，分布于新疆、西藏、内蒙古、黑龙江等地；蒙古国、尼泊尔、印度、伊朗、土耳其，以及欧洲、非洲（北部）等也有分布。

生境 生于海拔 150~2700 米的草甸、灌丛中，以及林下多砾石的草地或撂荒地，有时生于农田中。

70

中文名：**高雪轮**

学　名：*Silene armeria*

　属：**蝇子草属** Silene

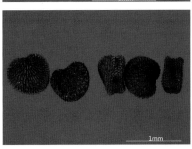

图 9.5 高雪轮

形态特征

　　蒴果长圆形，长 6~7 毫米，比宿存萼短，内含种子多数。种子肾脏形，两侧压扁；长约 0.5 毫米，红褐色；表面具数圈同心圆状排列的横卧瘤状突起，周边有锯齿；背面钝圆，周边有棱，中间微凹；腹面微凹，中间凹入。种脐位于腹面凹陷内，椭圆形裂口。种子胚黄色，半环状，围绕着粉质白色的胚乳。（见图 9.5）

分布　原产于欧洲。中国园林有栽培。

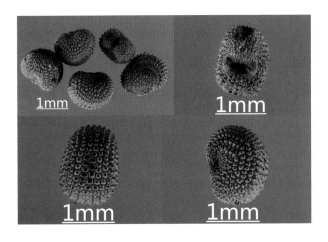

图 9.6 大蔓樱草

分布　原产于欧洲。中国园林有栽培。

71

中文名：**大蔓樱草**

学　名：*Silene pendula*

　属：**蝇子草属** Silene

形态特征

　　形态特征：蒴果卵状锥形，长约 9 毫米，比宿存萼短；种子圆肾形，长约 1.3 毫米，宽约 1 毫米。表面灰白色，无光泽，覆以小瘤状突起，小瘤顶端具黑点，小瘤基部及其附近呈锯齿状边饰，排列紧密，背面的小瘤 6~9 行，整个小瘤为同心排列，两侧的小瘤 4~6 行，腹面平，种脐位于腹面中央，种脐两侧略凸。（见图 9.6）

72

中文名：**长蕊石头花**

学　名：*Gypsophila oldhamiana*

　　属：**石头花属 Gypsophila**

分布 在中国，分布于辽宁、河北、山西、陕西、山东、江苏、河南（秦岭、淮河以北）等地，栽培作"山银柴胡"者可达广西；朝鲜也有分布。

生境 生于海拔 2000 米以下山坡草地、灌丛、沙滩乱石间或海滨沙地。

用途 根供药用，有清热凉血、消肿止痛、化腐生肌长骨功效。根的水浸剂可防治蚜虫、红蜘蛛、地老虎等，还可洗涤毛、丝织品。全草可作猪饲料；也可栽培供观赏。

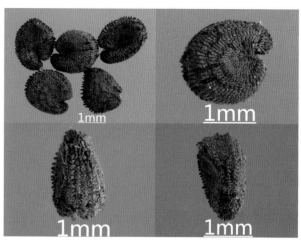

图 9.7 长蕊石头花

形态特征

　　蒴果卵球形，稍长于宿存萼，顶端 4 裂。种子近肾形，长 1.2~1.5 毫米，厚约 1 毫米；灰褐色；两侧压扁，表面每侧具 4~6 轮同心排列的棒状瘤突，背面圆形，具短尖的小疣状凸起 4~5 行，腹面较薄，中部靠下凹陷，近缝状；肿脐位于凹陷缝内。（见图 9.7）

73

中文名：**美国石竹**

学　名：*Dianthus barbatus*

　　属：**石竹属 Dianthus**

形态特征

　　种子阔倒卵形，极扁平，片状；黑褐色至黑色；长约 2.4 毫米，宽约 1.9 毫米；表面密生短条状小瘤，背面稍拱，中央为倒卵形微凹的平坦区，此区小瘤纵行排列，周边区小瘤放射状排列；腹面稍内弯，放射状排列着小粒状瘤；中央具明显突出的种脐，通过种脐有鸡冠状突起，突起下延边缘，此边缘有一较长的尾状突起物（胚根）。（见图 9.8）

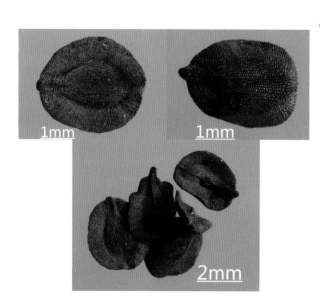

图 9.8 美国石竹

分布 原产于欧洲。中国园林有栽培。

中文名：**繁缕**

学　名：*Stellaria media*

　属：**繁缕属 Stellaria**

图 9.9 繁缕

形态特征

　　果实为蒴果，卵形或矩圆形，顶端 6 裂，内含多数种子。种子圆形，两侧扁，直径约 1 毫米，厚 0.5 毫米；暗红褐色至黑褐色；表面密生低钝星形瘤状突起，背面圆隆，腹面渐窄，端部钝圆；近脐部两侧稍扁平，具有明显的缺刻。种脐位于腹面中央的缺口内，腹面观种脐呈"乂"形。种子胚环状，黄褐色，环绕着近白色的胚乳。（见图 9.9）

分布 全国广布（仅新疆、黑龙江未见记录）；亦为世界广布。

生境 常见田间杂草。

用途 茎、叶及种子供药用，嫩苗可食。但《东北草本植物志》记载为有毒植物，家畜食用会引起中毒及死亡。

图 9.10 麦仙翁

形态特征

　　种子多呈肾状三角形，长 2.5~3.5 毫米，宽 2.8~3.2 毫米，厚约 2 毫米；黑色或近黑色，乌暗无光泽；背面观呈方形或楔形，较宽厚；表面具排列成同心圆状的许多棘状突起，两侧向内凹入，形成浅缺刻；背面棘状突起较大，愈近脐部者越小；腹面渐窄较薄，基端有一凹入。种脐位于渐窄的基端。子胚沿背面环生，围绕胚乳，呈淡黄褐色；胚乳丰富，洁白色。（见图 9.10）

中文名：**麦仙翁**

学　名：*Agrostemma githago*

　属：**麦仙翁属 Agrostemma**

分布 在中国，分布于黑龙江、吉林、内蒙古，以及山东青岛等地；欧洲、北美、南美、北非，以及澳大利亚、俄罗斯（西伯利亚西部）等也有分布。

生境 野生于田间、荒地及半干旱草原地带。田间野生杂草，多混生于谷类、小麦、玉米、大豆等作物中。

用途 全草药用，治百日咳等症。茎、叶和种子有毒。

76

中文名：**牛繁缕**

学　名：*Myosoton aquaticum*

　属：**鹅肠菜属 Myosoton**

图 9.11 牛繁缕

形态特征

　　果实为蒴果，5 瓣裂，每瓣顶端 2 裂，内含种子多数。种子扁圆状肾脏形，两侧稍扁，直径 0.7~0.8 毫米，厚度约 0.5 毫米；黄褐色至暗褐色；表面具明显星形的瘤状突起，排列成同心圆形；背面隆圆，腹面稍窄，钝圆，中央有一凹陷。种脐位于其凹陷内，较小，黄白色，其周围呈深褐色至黑褐色。种子横切面椭圆形；胚环状，乳黄色，环绕着近玻璃状透明的胚乳。（见图 9.11）

分布　中国南北各地，以及北半球温带地区均有分布。

生境　多生于田间、路旁、草地、山野或阴湿处。田间杂草，常混生于小麦、油菜、蔬菜等作物及果园中。

图 9.12 王不留行

分布　在中国，除华南外的其他各地均有分布；亚洲的其他温带地区、欧洲，以及加拿大、美国和澳大利亚等也有分布。

生境　野生于田间、荒地、路旁、田埂和坡地。常混生于小麦、大麦等作物中。

77

中文名：**王不留行**

学　名：*Vaccaria hispanica*

　属：**麦蓝菜属 Vaccaria**

形态特征

　　蒴果宽卵形或近圆球形，长 8~10 毫米；种子圆球形，直径 1.8~2.2 毫米，表面红褐色至黑色，略有光泽；表面具明显密集的颗粒状突起，并有一较宽而稍平坦的环形带状小区，其上密生 4~8 行纵向平行排列的细颗粒状突起。种脐位于基端，近圆形，黑色，微凹入。胚环状，淡黄褐色，围绕着粉质、白色的胚乳。（见图 9.12）

蓼科

Polygonaceae

78

中文名：**巴天酸模**

学　名：*Rumex patientia*

　属：**酸模属 Rumex**

倍率：X30.0

0.20mm

图 10.1 巴天酸模

形态特征

　　小坚果宿存于花被片内；外轮 3 枚花被片较小，椭圆形，反折紧贴在相邻两花被片下缘；内轮 3 枚较大，广心形，网脉明显，有时向背对折，背部具或大或小的瘤，至少一枚具较大的海绵质瘤，小坚果卵状三棱形，最宽处在下半部；棱突出，较锐，棕褐色，长 2.5 毫米，宽 1.5 毫米，表面光滑，有光泽；果脐位于基部，三角形，突出。（见图 10.1）

分布　在中国，分布于东北、华北、西北，以及山东、河南、湖南、湖北、四川、西藏等地；哈萨克斯坦、俄罗斯、蒙古国，以及欧洲、高加索等地区也有分布。

生境　生于沟边湿地或水边。

倍率：X30.0

0.20mm

图 10.2 齿果酸模

分布　在中国，分布于华北、西北、华东、华中，以及四川、贵州、云南等地；尼泊尔、印度、阿富汗、哈萨克斯坦，以及欧洲东南部等也有分布。

生境　生于沟边湿地、山坡路旁。

79

中文名：**齿果酸模**

学　名：*Rumex dentatus*

　属：**酸模属 Rumex**

形态特征

　　瘦果为宿存花所包。花被片 2 轮，外轮 3 片小，内轮 3 片大，有明显的网纹，每片背面有一个瘤状突起，边缘有不整齐的针状齿 4 或 5 对。果实阔椭圆形，长 2 毫米，宽约 1.3 毫米，具三锐棱；顶端锐尖，并具残存花柱，易脱落；基部钝尖；果内含种子一粒；果皮黄褐色，革质，表面平滑，有光泽。种子与果实同形，内含丰富的蜡白色粉质胚乳。种皮膜质，极薄。胚位于种子内一侧边缘的中部。（见图 10.2）

80

中文名：**毛脉酸模**

学　名：*Rumex gmelinii*

属：**酸模属 Rumex**

形态特征

　　瘦果为宿存花被所包，花被有翅近肾形，周边近全缘，成熟后不内卷，表面有颗粒状网纹突起，基部瘤状突起小。瘦果三棱形，深褐色，有光泽；长约 2 毫米，宽约 1.2 毫米；表面近平整光滑，有不明显的纵条纹，顶端急尖，基部钝尖；果脐位于果实的基部，稍突出，色淡黄色。果实内含 1 粒种子，横切面三角形，三边近等长；胚弯生，白色，位于一面边缘的中部；胚乳丰富，粉质，近白色。（见图 10.3）

图 10.3 毛脉酸模

分布　在中国，分布于东北、华北等地区。

生境　生于灌木丛中、路旁、河岸及湿地。

81

中文名：**酸模**

学　名：*Rumex acetosa*

属：**酸模属 Rumex**

形态特征

　　瘦果为宿存花被所包，花被有翅近卵圆形，长、宽均为 3~3.5 毫米，棕褐色，周边近全缘，成熟后不规则内卷，表面有颗粒状网纹突起，基部有长卵状椭圆形的瘤状突起。瘦果长 1.2~2.5 毫米，宽和厚均约 1.5 毫米；暗红褐色；椭圆状三面体形，具三纵棱，棱脊尖锐并外突；表面近平整光滑，有光泽；顶端急尖，基部钝尖。果脐位于果实的基部，近三角形，稍突出，色淡。果实内含种子 1 粒，横切面三角形，三边近等长。胚弯生，白色，位于一面边缘的中部；胚乳丰富，粉质，近白色。（见图 10.4）

图 10.4 酸模

倍率：X50.0

0.20mm

分布　在中国，分布于吉林、辽宁、河北、陕西、新疆、江苏、浙江、湖北、四川和云南等地；亚洲的东部和北部的其他地区，以及欧洲、美洲等也有分布。

生境　生于田间、路旁、草原和荒地。主要危害小麦、大麦、大豆、玉米等作物。

82

中文名：**羊蹄**

学　名：*Rumex japonicus*

　属：**酸模属 Rumex**

倍率：X30.0

0.20mm

图 10.5 羊蹄

形态特征

　　小坚果包在宿存的翅状花被片内。外轮花被片小，条形，平展或稍垂；内轮花被片较大，阔卵状三角形，具突起网脉，背面各具 1 个表面有网纹的囊状瘤，其中 1 片花被比另两片的大。坚果卵状三棱形，最宽处在下部，长约 2.5 毫米，宽约 1.5 毫米；棕褐色；表面光滑，有光泽，棱尖锐；顶端尖，具残存花柱，基部短柄状。果脐位于柄状体底端，三角形，中部常有圆孔。（见图 10.5）

分布 在中国，分布于东北、华北、华东、华中、华南（四川、贵州）以及陕西等地；朝鲜、日本、俄罗斯（远东）等也有分布。

生境 生田边路旁、河滩、沟边湿地，海拔30~3400 米。

用途 根入药，清热凉血。

83

中文名：**萹蓄**

学　名：*Polygonum aviculare*

　属：**蓼属 Polygonum**

形态特征

　　果实为瘦果，较光滑，常为宿存花被所包，但易破碎而使瘦果裸露，仅基部残留。瘦果长2.2~3 毫米，宽约 1.2 毫米；红褐色至暗褐色；三棱状卵形。棱脊钝而光滑；表面点状粗糙，无光泽；通常一面微凸，其余两面稍内凹，顶端渐尖，基部较宽。果脐位于基端，圆形，黄白色，微突出。果实内含种子 1 粒，横切面明显三边不等长；种皮鲜红褐色；胚黄色，于一角纵向弯生；胚乳丰富，粉质，蜡白色，近半透明。（见图 10.6）

倍率：X50.0

0.20mm

图 1.2 田野毛茛

分布 欧洲、亚洲和美洲的温带地区均有分布；在中国，分布于各地。

生境 生于田野、荒地和水边湿地。主要危害小麦、大麦、油菜、蔬菜等作物。

中文名：**宾州蓼**

学　名：***Polygonum bungeanu***

　　属：**蓼属 Polygonum**

形态特征

　　果实为瘦果，常为宿存花被所包，但花被极易破碎，仅瘦果基部有残留，而致瘦果裸露。瘦果长 3~3.5 毫米，宽 2.5~3 毫米，厚约 1.1 毫米；暗红褐色至黑褐色；卵圆形，扁平；表面平滑，有光泽；顶端急尖，中央有个小尖突的花柱残痕，基部圆形，两面微凸；果皮硬革质。内含种子 1 粒，横切面长椭圆形；种皮红褐色；胚半环状沿一侧边缘弯生，白色；种子有丰富的胚乳，粉质，黄白色。（见图 10.7）

图 10.7 宾州蓼

分布　在中国，分布于东北、华北，以及甘肃、山东、江苏等地；朝鲜、日本、俄罗斯（远东）等也有分布。

生境　生于山谷草地、田边、路旁湿地，海拔 50~1700 米。

1mm

1mm

1mm

图 10.8 叉分蓼

分布　在中国，分布于东北、华北，以及山东等地；朝鲜、蒙古国、俄罗斯（远东、东西伯利亚）等也有分布。

生境　生于山坡草地、山谷灌丛，海拔 260~2100 米。

85

中文名：**叉分蓼**

学　名：***Polygonum divaricatum***

　　属：**蓼属 Polygonum**

形态特征

　　瘦果菱状三棱形，下面 3/4 常被宿存花萼包围；棕色至棕褐色；长约 5.5 毫米，宽约 3 毫米；具 3 锐棱，表面光滑，有光泽；顶端突尖，基部收缩为较粗的短柄，柄端具白色三角形梗痕，除掉果柄则显出棕色凹陷的圆形果脐。（见图 10.8)

86

中文名：**丛枝蓼**

学　名：*Polygonum posumbu*

　属：**蓼属 Polygonum**

倍率：X100.0
0.20mm

倍率：X100.0
0.20mm

图 10.9 丛枝蓼

形态特征

　　果实为瘦果，包在宿存花被内，通常易脱落，瘦果长 2.3~2.6 毫米，宽 1.5~1.7 毫米；黑褐色，光滑，有光泽；三棱状卵圆形；顶端急尖，基部稍钝圆。果脐位于基端，外突果实内含种子一粒，横切面近等边三角形；胚沿侧边缘弯生，淡黄褐色；胚乳丰富，淡黄色。（见图 10.9）

分布　在中国，分布于陕西、甘肃，以及东北、华东、华中、华南及西南等地区；朝鲜、日本、印度尼西亚及印度也有分布。

生境　生于山坡林下、山谷水边，海拔 150~3000 米。

倍率：X50.0
0.20mm

图 10.10 杠板归

分布　中国、朝鲜、日本、马来西亚、菲律宾、印度及俄罗斯（西伯利亚地区）。

87

中文名：**杠板归**

学　名：*Polygonum perfoliatum*

　属：**蓼属 Polygonum**

形态特征

　　果实为瘦果，为蓝绿色宿存花被所包，但花被极易破碎，而使瘦果裸露，基部花被宿存。果实球形，直径 2.5~3 毫米；表面黑色，光滑，具强光泽；顶端具小圆柱状尖突的花柱残痕。果脐为圆形，黄白色，一般被残余果柄所覆盖，果皮硬革质。果实内含种子 1 粒，横切面近圆形；种皮红褐色，较薄；胚淡黄褐色，横生于果实的中央；胚乳丰富，黄白色，近半透明。（见图 10.10）

88

中文名：**红蓼**

学　名：*Polygonum orientale*

属：**蓼属 Polygonum**

图 10.11 红蓼

形态特征

　　果实为瘦果，为宿存花被完全所包，但花被极易破碎而脱落，仅瘦果基部有残余。瘦果长、宽近相等，为 3~3.5 毫米，厚约 1.6 毫米；扁平，圆形或近圆形，暗红褐色至近黑色，表面光滑，有光泽；中央有凹陷，上端明显薄于基部，在中部以上最宽，顶端平圆，中央有 1 小柱状尖突。果脐位于端部，椭圆形，黄褐色。果皮硬，革质。果实内含种子 1 粒，横切面近椭圆形，两侧内凹；种皮淡红褐色；胚半环状，沿着种子一边的侧缘弯生；种子有丰富的胚乳，粉质，蜡白色，近半透明。（见图 10.11）

分布　在中国，除西藏外，广布于各地；朝鲜、日本、菲律宾、印度，以及欧洲、大洋洲等也有分布。

生境　野生或栽培；生于沟边湿地、村边路旁，海拔 30~2700 米。主要危害小麦、大豆、马铃薯、甜菜等作物。

用途　果实入药，名"水红花子"，有活血、止痛、消积、利尿功效。

89

中文名：**黏毛蓼**

学　名：*Polygonum viscosum*

属：**蓼属 Polygonum**

形态特征

　　瘦果宽卵形，具 3 棱；黑褐色，有弱光泽；长约 2.5 毫米，包于宿存花被内；表面具微细的点状粗糙纹；果内含种子 1 粒；果脐位于基端，圆形，黄白色，外突；果皮极薄，黑褐色。种子横切面三边近等长；种皮较薄；胚于种子一角纵向弯生，淡黄白色，横生于果实中央；胚乳丰富，粉质。（见图 10.12）

图 10.12 黏毛蓼

分布　在中国，分布于东北、华东、华中、华南、西南（四川、云南、贵州）；朝鲜、日本、印度、俄罗斯（远东）等也有分布。

生境　生于路旁湿地、沟边草丛。

90

中文名：**两栖蓼**

学　名：*Polygonum amphibium*

　　属：**蓼属 Polygonum**

1mm

图 10.13 两栖蓼

1mm

形态特征

　　果实为瘦果，为宿存花被完全所包，但花被极易破碎而脱落，仅瘦果基部有残余。瘦果长、宽近相等，为 2.5~3.5 毫米，厚约 1.5 毫米；扁平，圆形或近圆形，黑褐色，表面粗糙，小颗粒排列成整齐的纵向网纹，稍有光泽；双凸透镜状，一面稍拱，一面稍平，上端明显薄于基部，在中部以上最宽，顶端平圆，中央有 1 小柱状尖突。果脐位于端部，椭圆形，黄褐色。果皮硬，革质。果实内含种子 1 粒，横切面近椭圆形；种子有丰富的胚乳，粉质。（见图 10.13）

分布　在中国，分布于东北、华北、西北、华东、华中和西南等地区；亚洲其他国家（地区），以及欧洲、北美也有分布。

生境　生于湖泊边缘的浅水中、沟边及田边湿地，海拔 50~3700 米。

1mm

图 10.14 拳参

1mm

91

中文名：**拳参**

学　名：*Polygonum bistorta*

　　属：**蓼属 Polygonum**

形态特征

　　瘦果椭圆形，两端尖；深褐色，有光泽；长约 3.5 毫米，稍长于宿存的花被；具 3 棱，端部极尖细。果脐位于果实的基端，圆形，淡褐色。果实内含种子 1 粒。（见图 10.14）

分布　在中国，分布于大部分地区；日本、蒙古国、哈萨克斯坦、俄罗斯（西伯利亚、远东），以及欧洲其他地区也有分布。

用途　根状茎入药，具有清热解毒、散结消肿之效。

92

中文名：**水蓼**

学　名：*Polygonum hydropiper*

属：**蓼属 Polygonum**

倍率：X50.0
0.20mm

图 10.15 水蓼

形态特征

　　果实为瘦果，为宿存花被完全所包或仅顶端稍外露，宿存花被具红褐色树脂状的小圆腺点，极易破碎。瘦果长 2~3 毫米，宽 1.5~2 毫米，淡红褐色至黑褐色；卵圆形，或不正卵圆形，通常 2 棱，有时呈 3 棱，棱脊较钝；表面粗糙，密布细点状突起，几无光泽；两端渐窄，较尖，顶端有 1 柱状尖突的花柱残痕。果实内含种子 1 粒；种子卵圆形，种皮淡黄褐色；胚沿一侧边缘着生，呈乳白色；胚乳丰富，粉质，白色。（见图 10.15）

分布　在中国，分布于东北、华北，以及山东、河南、陕西、甘肃、江苏、浙江、湖北、福建、广东、广西、云南等地；朝鲜、日本、印度尼西亚、印度，以及欧洲、北美洲也有分布。

生境　生于农田、水边和湿地。主要危害小麦、大豆等作物。

图 10.16 酸模叶蓼

93

中文名：**酸模叶蓼**

学　名：*Polygonum lapathifolium*

属：**蓼属 Polygonum**

形态特征

　　瘦果包藏于宿存花被内，顶端微露，花被片易脱落。果实阔卵形，长约 2.7 毫米，宽约 2.5 毫米；顶端突尖，两侧扁，微凹，基部圆形；果内含种子 1 粒；果皮暗红褐色至红褐色，革质，表面呈颗粒状粗糙或近平滑，具光泽。果脐圆环状红褐色，位于种子基部。种子与果实同形，内含丰富的蜡白色粉质胚乳；种皮膜质，浅橘红色；胚沿种子内侧边缘弯生。（见图 10.16）

分布　在中国，分布于江苏、浙江、福建、广东、台湾等地；朝鲜、日本、蒙古国、菲律宾、印度、巴基斯坦，以及欧洲等也有分布。

生境　生于田边、路旁、水边、荒地或沟边湿地。

94

中文名：**小蓼**

学　名：*Polygonum minus*

　　属：**蓼属 Polygonum**

倍率：X100.0
0.20mm

图 10.17 小蓼

形态特征

　　果实为瘦果，为宿存花被完全所包，宿存花被易破碎。瘦果长约 1.5 毫米，淡红褐色至黑褐色；长卵形，两面凸形，通常 2 棱，稀呈三棱，棱脊较钝；表面粗糙，密布细点状突起，有光泽；两端渐窄，较尖，顶端有 1 柱状尖突的花柱残痕。果实内含种子 1 粒；胚乳丰富，粉质。（见图 10.17）

分布　中国、朝鲜、日本，以及欧洲大部分国家（地区）。

倍率：X30.0
0.20mm

图 10.18 苦荞麦

分布　在中国，分布于东北、西北、西南，以及山东、浙江、湖北、台湾等地；欧洲、美洲，以及亚洲其他国家（地区）也有分布。

生境　生于宅边、路旁。栽培或野生。

95

中文名：**苦荞麦**

学　名：*Fagopyrum tataricum*

　　属：**荞麦属 Fagopyrum**

形态特征

　　果实为瘦果，裸露，仅基部具六片短小的宿存花被。瘦果长 4~5.5 毫米，宽 2.4~3 毫米；灰褐色至暗灰褐色；果实三棱状倒卵形，基部宽，顶端渐尖，具 3 条宽的脊棱，棱上凹凸不平，似角状翅，使果体凹成 3 条宽沟；表面高低不平，乌暗而无光泽。果实内含种子 1 粒，种子三角状卵形；种皮淡黄褐色；横断面呈三角形，3 条边与果体吻合凹陷；胚黄绿色，在横切面上呈"S"形；胚乳丰富，白色，粉质，易破碎。（见图 10.18）

96

中文名：**荞麦**

学　名：*Fagopyrum esculentum*

　　属：**荞麦属 Fagopyrum**

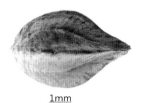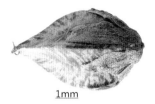

1mm　　　1mm

图 10.19 荞麦

形态特征

　　瘦果基部被宿存花被片，瘦果卵形；长5~6毫米，宽约3毫米；花被突破存，具3锐棱，顶端渐尖；表面粗糙，无光泽，灰、褐两色相交织呈斑马状条纹；胚在胚乳中呈曲折状。（见图 10.19）

分布　中国各地有栽培，有时逸为野生；亚洲其他国家（地区）、欧洲有栽培。

生境　生于荒地、路边。

用途　种子含丰富淀粉，供食用；为蜜源植物；全草入药，治高血压、视网膜出血、肺出血等症。

1mm　　　**1mm**

图 10.20 翅果蓼

1mm

97

中文名：**翅果蓼**

学　名：*Parapteropyrum tibeticum*

　　属：**翅果蓼属 Parapteropyrum**

分布　特产于西藏（加查、米林、朗县）。

生境　生于河谷阶地、山坡灌丛。

形态特征

　　果实为瘦果，宽卵形，具3棱，顶端急尖，沿棱生翅，连翅外形近圆形，直径4~5毫米；翅薄膜质，淡红色，具细脉，边缘近全缘；果梗细弱，长4~5毫米。（见图 10.20）

98

中文名：**何首乌**

学　名：*Fallopia multiflora*

　属：**何首乌属 Fallopia**

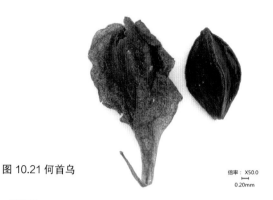

图 10.21 何首乌

倍率：X50.0
0.20mm

形态特征

　　瘦果完全包藏于宿存花被内，花被片 5 深裂，外面 3 片肥厚，背面有翅。果实三棱状阔卵圆形，长约 2.0 毫米，宽约 1.5 毫米；顶端急尖，具残存花柱；基部钝尖；横切面 3 边近等长；黑色，革质，表面光滑；果内含种子 1 粒。种子与果实同形，种皮极薄。胚位于种子一侧纵向弯生，淡黄白色；胚乳丰富，蜡白色，粉质。（见图 10.21 ）

分布　在中国，分布于陕西南部、甘肃南部，以及华东、华中、华南、西南（四川、云南、贵州）；日本也有分布。

生境　生于山谷灌丛、山坡林下、沟边石隙，海拔 200~3000 米。

用途　块根入药，具有安神、养血、活络的功效。

99

中文名：**荞麦蔓（卷茎蓼）**

学　名：*Fallopia convolvulus*

　属：**何首乌属 Fallopia**

形态特征

　　果实为瘦果，常为暗黄褐色的宿存花被所包，但花被易破碎脱落而使瘦果外露，基部宿存。瘦果三棱状卵圆形，长 3~4 毫米，宽 2~3 毫米；棱脊较锐，两端尖，黑色，光滑，有光泽；表面具微细的点状粗糙纹；果内含种子 1 粒。果脐位于基端，圆形，黄白色，外突。果皮极薄，橙褐色。种子横切面 3 边近等长，种皮红褐色，较薄。胚于种子一角纵向弯生，淡黄白色，横生于果实中央；胚乳丰富，浊白色，粉质。(见图 10.22)

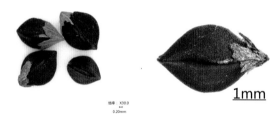

倍率：X30.0
0.20mm

1mm

图 10.22 荞麦蔓

分布　在中国，分布于东北、华北，以及陕西、甘肃、新疆等地；日本、朝鲜、菲律宾、印度尼西亚等也有分布。

生境　田野常见杂草。

用途　全草含原白头翁素，有毒，药用能消结核、截疟及治痈肿、疮毒、蛇毒和风寒湿痹。

桑科
Moraceae

100

中文名：**波罗蜜**

学　名：*Artocarpus heterophyllus*

　　属：**波罗蜜属 Artocarpus**

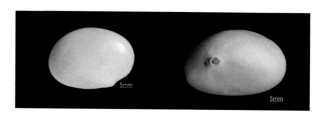

图 11.1 波罗蜜

形态特征

　　聚花果椭圆形至球形，或不规则形状，长 30~100 厘米，直径 25~50 厘米；幼时浅黄色，7~9 月间果实成熟，成熟时黄褐色，表面有坚硬六角形瘤状凸体和粗毛。核果长椭圆形，长约 3 厘米，直径 1.5~2 厘米。（见图 11.1）

分布　中国有栽培；尼泊尔、印度（锡金）、不丹、马来西亚也有栽培。

图 11.2 大麻

分布　原产于亚洲西部。中国各地均有栽培。

生境　生于海拔 500~2500 米的平原或丘陵田边、沟旁水湿地。

101

中文名：**大麻**

学　名：*Cannabis sativa*

　　属：**大麻属 Cannabis**

形态特征

　　瘦果为宿存苞片所包，阔卵圆形，稍扁，长约 4.4 毫米，宽约 4 毫米；顶端钝尖，中央具极短小喙，两侧边缘具脊棱；基部近圆形；果内含种子 1 粒；宿存苞片卵形，顶端延伸成尾尖状，表面被毛基膨大的刺状毛，具约 10 条脉；果皮浅灰褐色，有时其中疏布深褐色斑纹，并有不规则的白色细网纹，网眼细小。果脐大，圆形，位于果实基端。种子与果实同形；无胚乳（或有极微量残存痕迹）。种皮膜质。胚体对折。（见图 11.2）

102

中文名：**葎草**

学　名：*Humulus scandens*

　　属：**葎草属 Humulus**

图 11.3 葎草

形态特征

　　果实为瘦果，长、宽均为 3~5.5 毫米，厚约 2 毫米；扁球形，两面凸圆，周边均较薄，周缘有 1 明显、外突的脊棱；表面灰褐色至褐红色，具灰白色或黄褐色的云片状花纹和隐约可见的纵脉纹约 10 条。果实顶端平圆，中央深褐色；基部显著突出，圆柱形。果实内含种子 1 粒，纵切面近圆形；种皮较薄，橙红色；胚淡黄色，盘旋状；种子无胚乳。（见图 11.3）

分布　中国部分地区有分布；朝鲜、日本，以及北美洲等也有分布。

虎耳草科

Saxifragaceae

103

中文名：**大花溲疏**

学　名：*Deutzia grandiflora*

属：**溲疏属 Deutzia**

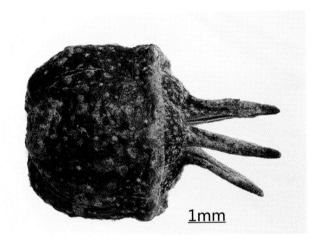 

图 12.1 大花溲疏

形态特征

　　蒴果半球形，直径约 4.5 毫米，表面红褐色至深褐色，内有分果瓣三个，极少有 4 个，表面粗糙，被星状毛；基部近平截，端部具宿存萼裂片外弯，萼裂片长约 2.5 毫米，坚硬。(见图 12.1)

分布 在中国，分布于辽宁、内蒙古、河北、山西、陕西、甘肃、山东、江苏、河南、湖北等地。

生境 生于山坡、山谷、路旁灌丛中。

十三

薔薇科

Rosaceae

中文名：**地榆**

学　名：*Sanguisorba officinalis*

属：**地榆属 Sanguisorba**

倍率：X50.0
0.20mm

图 13.1 地榆

形态特征

　　果实为瘦果，包于宿存萼内，萼灰褐色、黑褐色至黑色，呈卵状四棱形，棱角在基部以上延伸成窄翼，上部翼间着生少数白色短毛。瘦果长 2.2~2.8 毫米，最宽处直径约 1.5 毫米；淡黄褐色至褐色；锥状卵圆形；先端锐尖，基部钝圆；表面平滑，背缝线细，不明显，腹缝线宽而显著。果实内含种子 1 粒；横剖面呈圆形至宽椭圆形；胚大而直立，黄褐色；种子无胚乳。（见图 13.1）

分布　在中国，分布于华北、华中、华南、西南地区；美国，以及亚洲其他国家（地区）、欧洲等也有分布。

倍率：X150.0
0.20mm

图 13.2 蛇含

倍率：X100.0
0.20mm

分布　在中国，分布于东北、华北、华中及西南地区；朝鲜、日本、印度也有分布。

中文名：**蛇含**

学　名：*Potentilla kleiniana*

属：**委陵菜属 Potentilla**

形态特征

　　瘦果半圆状卵形，略扁，黄褐色，长 0.7毫米，宽 0.4 毫米；表面有 2~5 条长短不一的细纵褶，褶常为白色；背面半圆，边缘细锐棱，棱上常见白色膜质物，腹部平直或稍弯入，具窄翅状锐棱，近顶端具花柱残基突出；果脐位于腹面锐棱下端，白色，条形。（见图 13.2）

106

中文名：**委陵菜**

学　名：*Potentilla chinensis*

　属：**委陵菜属 Potentilla**

1mm　　　1mm

1mm

图 13.3 委陵菜

形态特征

　　果实为瘦果，耳状，近半圆形；紫褐色或深褐色；长约 1.1 毫米，宽约 0.8 毫米；表面具指纹状皱纹，有的皱纹较平，背面弓形钝厚，腹面渐薄，平直具脊棱，顶端较尖，基部圆形，腹侧脊棱上端具柱头残基，下端具果脐；果脐卵圆形，圆形或较长，边缘常有白色髯毛（易落）。（见图 13.3）

分布　在中国，分布于多地；日本、朝鲜，以及俄罗斯远东地区也有分布。

图 13.4 龙牙草

分布　在中国，分布于各地；俄罗斯、朝鲜、日本，以及欧洲、北美洲等也有分布。

生境　生于山坡、路旁和草地。

107

中文名：**龙牙草**

学　名：*Agrimonia pilosa*

　属：**龙牙草属 Agrimonia**

形态特征

　　果实为瘦果，倒圆锥形，包于宿存花萼内，长约 4 毫米，表面着生向上的白色或黄褐色的细毛，萼筒外面有 10 条排列整齐的纵脊棱，棱间呈凹槽状，顶端密生多数较长的倒钩刺，果梗斜向一侧。瘦果倒卵形，先端近平截，圆形，内含种子 1 粒。种子与瘦果同形，淡褐色或褐色，表面有网状纹，自种脐沿着腹面至顶端有 1 浅色线纹。胚大而直生；种子无胚乳。（见图 13.4）

108

中文名：**茅莓**

学　名：*Rubus parvifolius*

属：**悬钩子属 Rubus**

倍率：X50.0
0.20mm

倍率：X50.0
0.20mm

图 13.5 茅莓

形态特征

　　聚合果卵球形，直径 1~2 厘米，成熟时为橘红色。种子长卵形，直径约 1.5 毫米，宽约 0.9 毫米；表面密布网状刻纹。（见图 13.5）

分布　在中国，分布于大部分地区；日本、朝鲜也有分布。

倍率：X100.0
0.20mm

倍率：X100.0
0.20mm

图 13.6 蛇莓

109

中文名：**蛇莓**

学　名：*Duchesnea indica*

属：**蛇莓属 Duchesnea**

形态特征

　　小瘦果耳形，长约 1.2 毫米，宽约 1 毫米；背部拱圆，腹部稍凹；顶端具尖头状喙，基部圆形；果内含种子 1 粒；果皮暗紫红色，表面具细微的念珠状网纹。果脐椭圆形，突起，白色，位于果实腹面基端。种皮膜质。种子无胚乳；胚直生。（见图 13.6）

分布　在中国，分布于辽宁以南各地。阿富汗、日本、印度、印度尼西亚，以及欧洲、美洲等均有分布。

1mm

110

中文名：**火棘**

学　名：*Pyracantha fortuneana*

　　属：**火棘属 Pyracantha**

形态特征

　　果实近球形，直径约 5 毫米，桔红色或深红色。内含种子 5 粒，长约 3 毫米，宽约 1.5 毫米，三棱状阔卵形，背面弓形，两侧面较平，中间有 1 条宽而浅的纵沟；腹面中间隆起成纵脊状，将腹面分成两个斜面，纵脊中间凹陷成沟。种皮褐色，表面粗糙，无光泽。种脐位于种子腹面纵脊的下端，呈稍凹陷，色浅，具种柄。（见图 13.7）

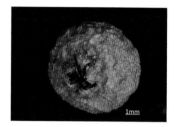

图 13.7 火棘

分布　在中国，分布于陕西、河南、江苏、浙江、福建、湖北、湖南、广西、贵州、云南、四川、西藏等地。

生境　生于山地、丘陵地阳坡灌丛草地及河沟路旁，海拔 500~2800 米。

111

中文名：**野蔷薇**

学　名：*Rosa multiflora*

　　属：**蔷薇属 Rosa**

形态特征

　　果近球形，直径 6~8 毫米，红褐色或紫褐色，有光泽，无毛，萼片脱落。内含种子 5 粒，种子卵形，长约 3 毫米，宽约 2 毫米，表面粗糙，橙黄色，带有稀疏的长毛，背面拱圆，腹面一长一短两纵脊，将腹面分成 3 个侧面，基部钝圆，向端部渐变狭，端部凸尖。（见图 13.8）

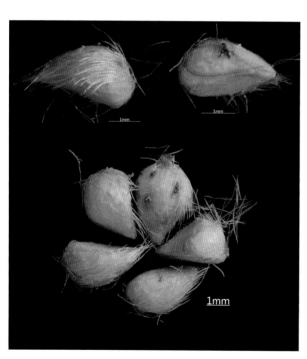

图 13.8 野蔷薇

分布　在中国，分布于江苏、山东、河南等地；日本、朝鲜也有分布。

十四

豆科
Leguminosae

112

中文名： **白车轴草**

学　名： *Trifolium repens*

　　属： **车轴草属 Trifolium**

形态特征

　　荚果长圆形；种子通常 3 粒。种子阔卵形，稀三角形，两侧扁，黄色至黄褐色；长 1.2 毫米，宽 1 毫米；表面细颗粒状，顶端圆，基部心形凹入，并向上延为宽沟，胚根几与子叶等长。种脐位于底部凹陷处，圆形，有白色环，中央为褐色。种瘤位于种脐一侧的脐条末端，丘状。（见图 14.1）

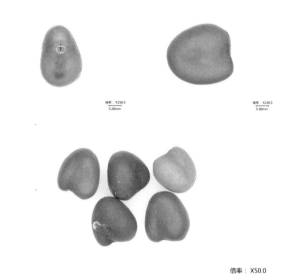

图 14.1 白车轴草

分布　原产于欧洲和北非。现广泛分布于亚洲、非洲、大洋洲、美洲等。

图 14.2 波斯车轴草

分布　中国、伊拉克、伊朗、印度、埃及、俄罗斯、格鲁吉亚。

113

中文名： **波斯车轴草**

学　名： *Trifolium resupinatum*

　　属： **车轴草属 Trifolium**

形态特征

　　荚果球形，内含 1 或 2 粒种子。种子三角状卵形或长心脏形，微扁；长 1.5 毫米，宽 1 毫米；胚根与子叶等长或超过，尖与子叶分开，两者之间有一直的浅沟，表面黄色或橄榄绿色，近光滑，具微颗粒，具很亮的光泽。种脐在种子基部，圆形；直径 0.07 毫米；呈白色小环，环心呈褐色小点，晕环褐色。种瘤在种子基部子叶一边，褐色，突出，距种脐 0.17 毫米，脐条明显，胚乳极薄。（见图 14.2）

114

中文名：**草莓车轴草**

学　名：*Trifolium fragiferum*

　　属：**车轴草属 Trifolium**

形态特征

　　荚果长圆状卵形，位于囊状宿存花萼的底部；有种子 1 或 2 粒。种子宽椭圆状心脏形；长 1.5~2 毫米，宽 1.2~1.7 毫米，厚 0.6~0.8 毫米；胚根尖与子叶分开，长与子叶等长或超过，两者之间具 1 小浅沟，沟底具 1 黄色线，表面黄色或红褐色，具紫色花斑，有的种子条纹不明显。种脐在种子基部，圆形，直径 0.12 毫米，浅褐色。种瘤在种子基部偏向胚根相反的一侧，距种脐 0.1~0.3 毫米，脐条条状，胚乳很薄。（见图 14.3）

图 14.3 草莓车轴草

倍率：X50.0
0.20mm

分布　原产于欧洲、中亚。现中国东北、华北、西北地区有分布。

倍率：X100.0
0.20mm

倍率：X50.0
0.20mm

图 14.4 红车轴草

分布　原产于欧洲、西亚等。现广泛分布于世界各地。

115

中文名：**红车轴草**

学　名：*Trifolium pratense*

　　属：**车轴草属 Trifolium**

形态特征

　　荚果卵形；通常有 1 粒种子。种子三角形、倒卵形或宽椭圆形，两侧扁；长 1.5~2.5 毫米，宽 1~2 毫米，厚 0.7~1.3 毫米；胚根尖突出呈鼻状，尖与子叶明显地分开，构成 30°~45°，长为子叶长的 1/2，表面多为上部紫色或绿紫色，下部黄色或绿黄色，少为纯一色者，即呈黄色、暗紫色或黄褐色，表面光滑，有光泽。种脐在种子长的 1/2 以下，圆形，直径 0.23 毫米，呈白色小环，环心褐色，晕轮浅褐色。种瘤在种子基部偏向具种脐的一边，呈小突起，浅褐色，距种脐 0.5~0.7 毫米，胚乳很薄。（见图 14.4）

116

中文名： **杂种车轴草**

学　名： *Trifolium hybridum*

属： **车轴草属 Trifolium**

形态特征

　　荚果露出萼外，椭圆形，无毛，内含 2~4 粒种子。种子椭圆状心脏形，略扁；长 1~1.5 毫米，宽 0.5~0.75 毫米；胚根与子叶等长或稍短，尖与子叶分开，两者之间具 1 与种皮同色的小沟，表面多为暗绿色，少数暗褐色，皆具黑色花斑点，也有的种子几乎呈灰黑色，近光滑，具微颗粒，无光泽或微具光泽。种脐位于种子基部，圆形，呈白色小环，其中心有小黑点。种瘤位于种脐的下边，距种脐 0.14 毫米，胚乳很薄。（见图 14.5）

图 14.5 杂种车轴草

分布　原产于欧洲。现世界各温带地区广泛栽培，中国东北地区有引种。

图 14.6 白花草木樨

分布　中国，以及地中海沿岸、中东、西南亚、中亚及西伯利亚等地区有分布。

117

中文名： **白花草木樨**

学　名： *Melilotus albus*

属： **草木樨属 Melilotus**

形态特征

　　荚果小，椭圆形或近长圆形，长约 3.5 毫米，初时绿色，后变黄褐色至黑褐色，表面具网纹，内含种子 1 或 2 粒。种子卵形，棕色，表面具细瘤点。胚根尖与子叶不分开，胚根短于子叶，两者之间具 1 小浅沟。种脐在种子基部，圆形，浅褐色。种瘤在种子基部，与种皮同色或微深，胚乳很薄。（见图 14.6）

118

中文名：**黄花草木樨**

学　名：*Melilotus officinalis*

属：**草木樨属 Melilotus**

形态特征

　　荚果卵圆形，长 3~4 毫米，宽约 2 毫米，先端具宿存花柱，浅灰色，含种子 1 粒，稀 2 粒。种子长圆形，淡绿黄色。胚根尖与子叶不分开，长与子叶等长或超过，两者之间具 1 小浅沟。种脐在种子基部，圆形，直径 0.12 毫米，浅褐色。种瘤在种子基部，与种皮同色或微深，胚乳很薄。（见图 14.7）

图 14.7 黄花草木樨

分布　在中国，分布于东北、华南、西南地区，其余各地常见栽培；欧洲地中海东岸、中东、中亚、东亚均有分布。

图 14.8 印度草木樨

分布　在中国，分布于华中、西南、华南各地；印度、巴基斯坦、孟加拉国，以及中东、欧洲均有分布。

119

中文名：**印度草木樨**

学　名：*Melilotus indicus*

属：**草木樨属 Melilotus**

形态特征

　　荚果卵圆形，长 2~3 毫米，表面网脉凸出，有种子 1 粒。种子长椭圆形至卵形，通常从中间至种脐端的一侧最厚。胚根微突出，长约为子叶长的 4/5 或以上，尖不与子叶分开，两者之间有 1 条白色线，表面具微颗粒，有光泽。种脐在种子基部一侧，圆形，与种皮同色或黄褐色，晕轮隆起，褐色。种瘤在种子基部，与种皮同色或微深，胚乳很薄。（见图 14.8）

120

中文名：**兵豆**

学　名：*Lens culinaris*

　　属：**兵豆属 Lens**

图 14.9 兵豆

形态特征

　　荚果长圆形，膨胀，黄色；长 1~1.5 厘米，宽 0.4~0.8 厘米；有种子 1 或 2 粒。种子圆而扁，双凸透镜状，褐色至棕褐色，直径 6 毫米，表面光滑，周缘具锐棱。种脐位于种子边缘，短条形，白色。种瘤位于种脐一端，小丘状隆起，暗褐色至黑褐色。（见图 14.9）

分布　在中国，分布于甘肃、内蒙古、河北、山西、河南、陕西、江苏、四川、云南等地。广泛分布于世界温带、热带、亚热带地区。

图 14.10 补骨脂

分布　在中国，分布于云南（西双版纳）、四川（金沙江河谷），以及河北、山西、甘肃、安徽、江西、河南、广东、广西、贵州等地；印度、缅甸、斯里兰卡也有分布。

121

中文名：**补骨脂**

学　名：*Cullen corylifolium*

　　属：**补骨脂属 Cullen**

形态特征

　　荚果卵形，扁，不开裂，具宿存萼；长约 4.5 毫米，宽约 3.2 毫米；种子 1 颗，无种阜，具极短柄。胚根紧贴于子叶上，尖不与子叶分开，长约为子叶的 1/2，表面黑色，顶端有小突起，粗糙，多皱褶，无光泽。果脐在基部，圆形，与果皮同色，极不明显，在荚果下端 1/3 处，有 1 个两棱形的突起，与果皮同色或黄白色，无胚乳。（见图 14.10）

122

中文名：**菜豆**

学　名：*Phaseolus vulgaris*

属：**菜豆属 Phaseolus**

图 14.11 菜豆

形态特征

　　荚果带形，稍弯曲；长 10~15 厘米，宽 1~1.5 厘米；略肿胀，通常无毛，顶有喙。种子 4~6 颗，长椭圆形或肾形，长 0.9~2 厘米，宽 0.3~1.2 厘米，白色、褐色、蓝色或有花斑；种脐通常白色，位于腹面中央，稍凹陷。（见图 14.11）

分布　原产于美洲。现广植于各热带至温带地区。中国各地均有栽培。

5mm

图 14.12 长柔毛野豌豆

分布　原产于欧洲、中亚，以及伊朗等。在中国，分布于东北、华北、西北、西南地区，以及山东、江苏、湖南、广东等地。

123

中文名：**长柔毛野豌豆**

学　名：*Vicia villosa*

属：**野豌豆属 Vicia**

形态特征

　　荚果长圆状菱形，侧扁，先端具喙。种子近球形，稍扁，直径约 4 毫米，表皮黄褐色至黑褐色，具褐色花斑，表面似天鹅绒，近光滑，种脐长卵形，长约 2 毫米，宽约 1 毫米，褐色或较种皮色深，脐边凹陷，脐沟白色，种瘤较种皮色深，距种脐约 1 毫米，无胚乳。（见图 14.12）

124

中文名：**救荒野豌豆（大巢菜）**

学　名：*Vicia sativa*

　　属：**野豌豆属 Vicia**

形态特征

　　荚果线长圆形，长 4~6 厘米，宽 0.5~0.8 厘米，表皮黑色有绒毛，成熟时背腹开裂，果瓣扭曲。种子 4~8 颗，圆球形，矩圆形或近凸透镜状，直径约 4 毫米。因品种繁多，表面颜色多变，一般分为两类：第一类是红褐色，类似天鹅绒，近光滑，无光泽；第二类是绿色或褐色，且具黑色花斑，具微颗粒，近光滑，微具光泽。种脐线形，长约 2.5 毫米，宽约 0.5 毫米，长占种子圆周长的 1/5；浅黄色或白色；脐边微凹，脐沟黄白色，有的脐沟隆起。种瘤黑色、褐色或麦杆黄色，均较种皮色深，距种脐约 0.5 毫米，无胚乳。（见图 14.13）

37mm

2mm

1mm　1mm

图 14.13 救荒野豌豆

分布　原产于欧洲南部、亚洲西部。现中国各地均有分布。

125

中文名：**广布野豌豆**

学　名：*Vicia cracca*

　　属：**野豌豆属 Vicia**

形态特征

　　荚果长圆形，褐色，长 2 厘米，肿胀，两端急尖，有柄。种子 3~5 颗，近球形或矩圆形，直径约 4 毫米；表面黄褐色或红褐色，皆具密的黑色花斑，或为黄绿色具褐色花斑，或为黑色和浅黑色，表面似天鹅绒，近光滑，无光泽。种脐线形，长约 3 毫米，宽约 0.5 毫米，长约占种子圆周长的 1/3；黄褐色或黑色；脐边缘微凹，种瘤与种皮同色或稍深，距种脐约 1 毫米，无胚乳。（见图 14.14）

1mm　1mm

1mm

图 14.14 广布野豌豆

分布　在中国，广泛分布于中国各地；欧洲、美洲，以及亚洲其他国家（地区）也有分布。

126

中文名：**四籽野豌豆**

学　名：*Vicia tetrasperma*

属：**野豌豆属 Vicia**

形态特征

　　荚果长圆形，长约1.3厘米，宽约0.3厘米，表皮棕黄色，近革质，具网纹。种子4颗，扁圆形，直径约2毫米；表面灰绿色、具不同密度的深紫褐色花斑，似天鹅绒，近光滑。种脐椭圆形，长约1毫米，宽约0.5毫米，长占种子圆周长的约1/4；黄褐色；脐边凹陷，晕轮与种脐同色，脐沟黄白色，有的脐沟隆起。种瘤褐色，不明显，距种脐约0.5毫米，无胚乳。（见图14.15）

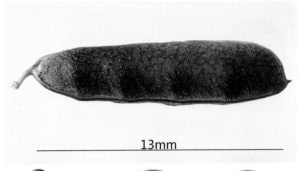

13mm

1mm　　1mm　　1mm

图 14.15 四籽野豌豆

分布　中国各地广泛分布。欧洲、北美、北非以及亚洲其他国家（地区）也有分布。

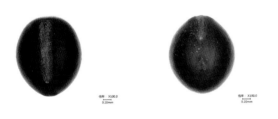

图 14.16 小巢菜

分布　在中国，分布于江苏、浙江、四川、山西、台湾等地；北美、北欧，以及俄罗斯、日本、朝鲜也有分布。

127

中文名：**小巢菜**

学　名：*Vicia hirsuta*

属：**野豌豆属 Vicia**

形态特征

　　荚果长圆菱形，长1厘米，宽0.5厘米，表皮密被棕褐色长硬毛。种子2粒，扁圆形，直径2毫米，两面凸出；表面黄褐色，或黄绿色布具紫色花斑，光滑，具很亮的光泽。种脐线形，常被光亮的、巧克力色种柄所覆盖，否则呈深褐色；长约2毫米，宽约0.3毫米，种脐长相当于种子圆周的1/3；脐沟赭色。种瘤在种脐之下，较种皮色深，距种脐约0.5毫米，无胚乳。（见图14.16）

128

中文名：**窄叶野豌豆**

学　名：*Vicia sativa* subsp. *nigra*

　　属：**野豌豆属 Vicia**

图 14.17 窄叶野豌豆

形态特征

　　荚果长线形，微弯；长 3 厘米，宽约 0.5 厘米。种子大部分球形，亦有方状球形；直径约 2.5 毫米；表面黑褐色或绿色和红褐色且具黑色花斑，近光滑或稍粗糙，似天鹅绒，无光泽。种脐倒卵形；长约 1.5 毫米，最宽处约 0.4 毫米，长约占种子圆周长的 1/5；淡黄色至黑色或为白色；脐边稍凹，脐沟白色或合拢成白色隆起。种瘤黑色或较种皮色深，距种脐约 0.6 毫米，无胚乳，子叶浅黄色。（见图 14.17）

分布 在中国，分布于西北、华东、华中、华南及西南各地；欧洲、北非，以及亚洲其他国家（地区）也有分布。

129

中文名：**田菁**

学　名：*Sesbania cannabina*

　　属：**田菁属 Sesbania**

图 14.18 田菁

形态特征

　　荚果细长，长圆柱形；长 12~22 厘米，宽 2.5~3.5 毫米；微弯，外面具黑褐色斑纹；喙尖，长 5~7（~10）毫米，果颈长约 5 毫米，开裂，种子间具横隔，有种子多数。种子绿褐色，有光泽，短圆柱状，长约 4 毫米，径 2~3 毫米。胚根贴于子叶上，长约为子叶长的 1/2；表面红褐色或红褐色具黑褐色斑点，近光滑，具微颗粒，有光泽。种脐靠近种子长的中央稍偏于一端，圆形直径约 0.5 毫米（不包括脐冠），凹陷；浅褐色，脐沟浅褐色，环状脐冠白色，晕轮深褐色。种瘤在肿脐下部，突出，深褐色，距种脐约 1 毫米，脐条明显，有很厚的胚乳。（见图 14.18）

分布 在中国，分布于海南、江苏、浙江、江西、福建、广西、云南等地；伊拉克、印度、马来西亚、巴布亚新几内亚、新喀里多尼亚、澳大利亚、加纳、毛里塔尼亚，以及中南半岛等也有分布。

130

中文名：**大果田菁**

学　名：*Sesbania exaltata*

属：**田菁属 Sesbania**

倍率：X50.0
0.20mm

图 14.19 大果田菁

形态特征

　　荚果线形，种子圆柱形，两端钝圆；长约 4 毫米，宽和厚约 2 毫米。胚根贴于子叶上，长约为子叶长的 1/3；表面绿色或浅褐色，密布黑色花斑，近光滑，稍有光泽。种脐靠近种子长的中央，圆形直径约 0.5 毫米（不包括脐冠）；褐色或黄色；脐面上有微颗粒，脐沟与种脐同色，环状脐冠白色，晕轮红褐色、隆起。种瘤在肿脐下部，突出，褐色，距种脐约 1 毫米，脐条常呈 1 纵沟，有很厚的胚乳。（见图 14.19）

分布　在中国，台湾、广东、广西、云南有栽培；巴基斯坦、印度、孟加拉国、菲律宾、毛里求斯，以及中南半岛等有分布。

倍率：X30.0
0.20mm

图 14.20 驴食豆

131

中文名：**驴食豆**

学　名：*Onobrychis viciifolia*

属：**驴食豆属 Onobrychis**

分布　在中国，河北有引种；欧洲、亚洲西部和南部、非洲北部、北美洲等也有分布。

形态特征

　　荚果半圆形，压扁；果皮粗糙有明显网纹，呈鸡冠状突起的尖齿，深褐色；不开裂；内含种子 1 粒。种子肾形，两侧稍扁；长约 4 毫米，宽约 3 毫米，厚约 2 毫米。胚根粗且突出，但尖不与子叶分开，长约为子叶长的 1/3，两者间有 1 条向内弯曲的白色线；表面浅绿色、红褐色或暗褐色，前两者具黑色斑点，后者具麻点，近光滑。种脐靠近种子长的中央或稍偏上，圆形，直径约 1 毫米，褐色，脐边色深，脐沟白色，晕轮褐黄色至深褐色。种瘤在种脐下边，突出，深褐色，距种脐约 0.6 毫米，脐条中间多有 1 条浅色线，无胚乳，子叶外围平滑。（见图 14.20）

132

中文名：**蝶豆**

学　名：*Clitoria ternatea*

　属：**蝶豆属 Clitoria**

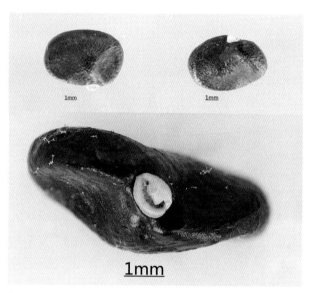

图 14.21 蝶豆

形态特征

　　荚果长 5~11 厘米，宽约 1 厘米，扁平，具长喙，有种子 6~10 颗。种子长圆形，极扁，长约 6 毫米，宽约 4 毫米；黑褐色；近光滑，胚根突出，长约为子叶长的 3/4。种脐位于种子中央稍偏上，椭圆形，直径约 1 毫米，褐色，环状脐冠白色。（见图 14.21）

分布　原产于印度。现世界各热带地区极常栽培。在中国，广东、海南、广西、云南（西双版纳）、台湾、浙江、福建等地均有引种栽培。

133

中文名：**含羞草决明（山扁豆）**

学　名：*Chamaecrista mimosoides*

　属：**山扁豆属 Chamaecrista**

形态特征

　　荚果条形，扁平，长 2~5 厘米，宽约 5 毫米。种子多数，菱形或近方形，扁平，长约 3 毫米，厚约 1 毫米。胚根紧贴于子叶上，不与子叶分开，表面无环，红褐色，具深褐色的麻点，麻点排列成纵行，稍粗糙，有光泽。种脐在突出的尖端，长卵形，长约 0.4 毫米，深褐色，脐的中心有 1 小突尖，脐的上部中间常有 1 短突起。种瘤在种脐相反的一端，不明显，与种皮同色或微深，脐条很长，胚乳约占种子厚度的 2/5，子叶浅黄色至桔黄色。（见图 14.22）

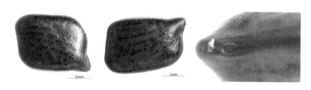

图 14.22 含羞草决明

分布　原产于美洲热带地区。现广布于全世界热带和亚热带地区。

中文名：**短叶决明**

学　名：*Chamaecrista leschenaultiana*

属：**山扁豆属 Chamaecrista**

图 14.23 短叶决明

形态特征

　　荚果带状，扁平，长 2.5~5 厘米，宽约 5 毫米。种子 8~16 粒，椭圆状卵形，较扁；黄褐色；表面粗糙，无光泽，背面隆起，腹面略凹。种脐位于腹面中下部，椭圆形，凹陷，与种皮同色，环状冠突出，白色。（见图 14.23）

分布　在中国，分布于安徽、江西、浙江、福建、台湾、广东、广西、贵州、云南、四川等地；越南、缅甸、印度也有分布。

135

中文名：**豆茶决明**

学　名：*Senna nomame*

属：**决明属 Senna**

图 14.24 豆茶决明

分布　在中国，分布于东北、华北地区，以及山东等地；朝鲜、日本也有分布。

形态特征

　　荚果扁平，长圆状线形，长 3~5 厘米，密被灰黄色毛，具种子 6~12 粒。本种子与山扁豆相似，较难区别，但本种种子呈菱方形，稍大；长约 3 毫米，宽约 2.5 毫米，厚约 1 毫米；胚乳约占种子厚度的 1/2；子叶深桔黄色，稍较山扁豆的子叶色深。两者分布亦有不同，本种多分布在中国北方。（见图 14.24）

136

中文名：**槐叶决明**

学　名：*Senna sophera*

属：**决明属 Senna**

1mm

1mm

图 14.25 槐叶决明

形态特征

　　荚果较短，长 5~10 厘米，初时扁而稍厚，成熟时近圆筒形而多少膨胀。种子近倒卵形，腹窄背宽，长约 4 毫米，宽约 2 毫米；胚根紧贴于子叶上，两者不分开；表面咖啡色；粗糙，常有辐射状网纹的白膜覆盖，具瘤状小突起，在两侧的中央各有一卵形或椭圆形的环，环内横向瘤状皱褶，无光泽，去掉白膜有光泽。种脐在突尖的尖端，长卵形，中部内侧常缢缩，长约 0.4 毫米，褐色，中心突出，脐周围隆起，脐上部开口处常有 1 条灰黑色纵线。种瘤在种子的另一端，不明显，脐条长棱脊状，胚乳约占种子厚度的 2/3。（见图 14.25）

1mm

分布　在中国，分布于广东、云南等地；印度、马来西亚、澳大利亚，以及中南半岛也有分布。

1mm

1mm

倍率：X30.0
0.20mm

图 14.26 望江南

137

中文名：**望江南**

学　名：*Senna occidentalis*

属：**决明属 Senna**

分布　原产于美洲热带地区。现广布于全世界热带和亚热带地区。在中国，分布于长江以南各地，河北、山东、河南也有分布。

形态特征

　　荚果带状镰形，褐色，压扁，长约 10 厘米，宽 10 毫米，稍弯曲，边缘淡色，加厚，有尖头；果柄长约 1.2 厘米；种子多数，种子间有薄隔膜。种子近倒卵形，腹背宽窄一致，长约 4 毫米，宽约 3.8 毫米；胚根紧贴于子叶上，两者不分开，表面咖啡色或近橄榄绿色，粗糙，常有辐射状皱纹的白色薄膜覆盖，捻掉后可见瘤状小突起，种子两侧中央有椭圆形的环，环内有横向瘤状皱褶，表面无光泽。种脐在突出的尖端，卵形，长约 0.4 毫米，褐色，中心突出，脐周围隆起，脐上部开口处有时有 1 条黑色纵线。种瘤在种子的另一端，不明显，脐条脊状，很长，胚乳约占种子厚度的 2/3。（见图 14.26）

138

中文名：**钝叶决明**

学　名：*Senna obtusifolia*

属：**决明属 Senna**

图 14.27 钝叶决明

形态特征

　　荚果细长，四棱柱状，略扁，稍弯曲，两端尖，长可达24厘米，宽可达6毫米，果梗长可达4厘米。内含种子多数，种子形状多变，中部种子多为四棱柱形，两端种子多为棱锥形，表面褐色、红褐色、橄榄绿色，表皮常皱成不规则碎裂纹，光滑，有强光泽，两侧各有1条斜向、对称、宽约0.5毫米的粗糙浅色凹纹，颜色稍浅，无光泽。种子先端突圆或平截，中央常内凹，背面在基端常斜截，基端腹侧常鸟喙状，鸟喙端部颜色稍浅，种脐位于基端鸟喙下面凹陷内，长椭圆形，中央稍凸起，颜色稍浅，无光泽，下部常具短突起，周围隆起。种脐上部延伸成一长脐条，直达种子先端种瘤处，深褐色。（见图 14.27）

分布 原产于中国长江以南。美洲、亚洲、非洲、大洋洲有分布。

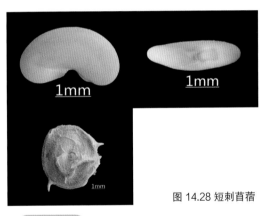

图 14.28 短刺苜蓿

139

中文名：**短刺苜蓿**

学　名：*Medicago apiculata*

属：**苜蓿属 Medicago**

形态特征

　　荚果螺旋状，叠立2或3层；黄褐色至黑褐色，直径约5毫米；边缘具两排短刺，表面粗糙，具粗脉纹。种子肾形，两侧扁，淡黄褐色；长约3毫米，宽约1.5毫米；表面平滑绒质。种脐位于腹侧中部凹陷内，圆形，白色或与种皮同色，周围具稍隆起的晕环。种瘤位于种脐下方的脐条中部，稍隆起，褐色或与种皮同色，胚根稍短于种子1/2，有斜白线与子叶分界。（见图 14.28）

分布 分布不详，曾于自澳大利亚进口的玉米、大麦、小麦中发现。

140

中文名：**蜗牛苜蓿**

学　名：*Medicago scutellata*

属：**苜蓿属 Medicago**

形态特征

　　荚果扁而长，螺旋形，平卷 5 或 6 轮，直径约 12 毫米，表面有腺毛，横脉一边脉结成明显网纹。种子肾形，扁，舟扭曲；褐色至红褐色；长约 4.5 毫米，宽约 3 毫米；表面光滑，稍有光泽，常有不规则果皮压痕，背面弓曲，腹面弯入。种脐位于腹面内弯深处，圆形，覆白色膜之物，周围为深色环。种瘤位于种脐下面较远处，稍隆起，色较种皮深，胚根与子叶间有沟。（见图 14.29）

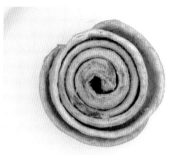

图 14.29 蜗牛苜蓿

分布　欧洲南部，以及澳大利亚和阿根廷。

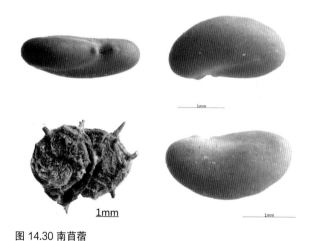

图 14.30 南苜蓿

分布　南苜蓿原产于印度。在中国，江苏、上海、浙江、湖北等地栽培较多，福建、四川、江西、安徽各地均有栽培。

141

中文名：**南苜蓿**

学　名：*Medicago hispida*

属：**苜蓿属 Medicago**

形态特征

　　荚果盘形，暗绿褐色，顺时针方向紧旋 1.5~2.5（~6）圈，直径（不包括刺长）4~6（~10）毫米，螺面平坦无毛，有多条辐射状脉纹，近边缘处环结，每圈具棘刺或瘤突 15 枚；种子每圈 1 或 2 粒。种子长肾形，长约 2.5 毫米，宽 1.25 毫米，棕褐色，平滑。（见图 14.30）

中文名：**天蓝苜蓿**

学　名：*Medicago lupulina*

　属：**苜蓿属 Medicago**

形态特征

　　荚果肾形，长3毫米，宽2毫米，表面具同心弧形脉纹，被稀疏毛，熟时变黑；有种子1粒。种子卵形，褐色，平滑。（见图14.31）

分布 在中国，分布于东北、华北、西北、华中地区，以及四川、云南等地；日本、蒙古国、俄罗斯，以及欧洲其他国家（地区）也有分布。

1mm　　　　1mm

1mm

图 14.31 天蓝苜蓿

1mm

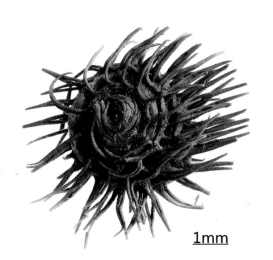

1mm

图 14.32 小苜蓿

143

中文名：**小苜蓿**

学　名：*Medicago minima*

　属：**苜蓿属 Medicago**

形态特征

　　荚果球形，旋转3~5圈，直径2.5~4.5毫米，边缝具3条棱，被长棘刺，通常长等于半径，水平伸展，尖端钩状；种子每圈有1或2粒。种子长肾形，长1.5~2毫米，棕色，平滑。（见图14.32）

分布 原产于欧洲地中海区域。在中国，常为栽培，作观赏用。

144

中文名：**多花胡枝子**

学　名：*Lespedeza floribunda*

属：**胡枝子属 Lespedeza**

图 14.33 多花胡枝子

形态特征

　　荚果宽卵形，扁平，黄褐色，长约 6 毫米，宽约 3 毫米，表面密生柔毛，超出宿存萼，有网状脉，顶端具小尖。种子倒卵形，两侧扁，长约 2 毫米，表面光滑无毛，有光泽。种脐偏向种子下半部，圆形凹陷，周围有白色隆起环状脐冠，外转有晕轮。种瘤冬天于脐条的末端，距种脐较近。（见图 14.33）

分布　在中国，分布于辽宁（西部及南部）、河北、山西、陕西、宁夏、甘肃、青海、山东、江苏、安徽、江西、福建、河南、湖北、广东、四川等地；日本、塔吉克斯坦、吉尔吉斯坦、阿富汗等也有分布。

图 14.34 胡枝子

分布　在中国，分布于黑龙江、吉林、辽宁、河北、内蒙古、山西、陕西、甘肃、山东、江苏、安徽、浙江、福建、台湾、河南、湖南、广东、广西等地；朝鲜、日本、俄罗斯（西伯利亚）等也有分布。

145

中文名：**胡枝子**

学　名：*Lespedeza bicolor*

属：**胡枝子属 Lespedeza**

形态特征

　　荚果斜倒卵形，稍扁，长约 10 毫米，宽约 5 毫米，表面具网纹，密被短柔毛。种子倒卵形，两侧扁，长约 5 毫米，表面光滑无毛，有光泽，黄褐色，表面布满黑褐色斑纹。种脐偏向种子下半部，圆形凹陷，周围有白色隆起环状脐冠，外转有晕轮。种瘤位于脐条的末端，距种脐较近。（见图 14.34）

146

中文名：**多叶羽扇豆**

学　名：*Lupinus polyphyllus*

属：**羽扇豆属 Lupinus**

图 14.35 多叶羽扇豆

形态特征

　　荚果长圆状线形，种子倒卵状矩形，两侧扁，长约 4.5 毫米，宽约 3.5 毫米；胚根紧贴于子叶上，不明显，尖不与子叶分开，长约为子叶长的 2/3，表面黄白色，具密的灰紫色斑点，自种瘤处有 1 条斜对角的深色线，有的种子斑点极密，几乎呈紫黑色，表面近光滑，具微颗粒，无光泽或浅色种子有光泽。种脐位于矩形的一个底角上，矩圆形；长约 0.9 毫米，宽约 0.5 毫米；黄白色；凹陷，晕环较种皮色浅，隆起。种瘤在种子长的 1/2 以下的脊柱背上，微隆起，白色，距种脐约 2 毫米，脐条明显，无胚乳。（见图 14.35）

分布 原产于北美洲。多生长于温带地区的沙地。

图 14.36 黄花羽扇豆

147

中文名：**黄花羽扇豆**

学　名：*Lupinus luteus*

属：**羽扇豆属 Lupinus**

形态特征

　　荚果长圆状线形，长 3.5~6 厘米，宽 1~1.4 厘米，密被锈色绢状长柔毛，种子间节荚状；种子 3 或 4 粒；花萼宿存。种子宽矩形、肾矩形或近球形，直径约 7 毫米；胚根紧贴于子叶上，尖不与子叶分开，第约为子叶长的 2/3，表面黄褐色或乳黄白色，具不同密度的黑色花斑，同时在两面各有 1 条弯月形的黄褐色线，光滑，无光泽。种脐在矩形的 1 个底角上，倒卵形，长约 1 毫米，宽约 0.5 毫米，黄色，凹陷。种瘤在基部变月形线的交接处，距肿脐约 1.5 毫米。无胚乳。（见图 14.36）

分布 原产于地中海区域。中国见于栽培。

148

中文名：**光萼猪屎豆**

学　名：*Crotalaria trichotoma*

属：**猪屎豆属 Crotalaria**

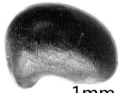

1mm　　1mm

图 14.37 光萼猪屎豆

形态特征

　　荚果长圆柱形，长 3~4 厘米，幼时被毛，成熟后脱落，果皮常呈黑色，基部残存宿存花丝及花萼。种子 20~30 颗，不规则肾形，无钩；红褐色至紫褐色；长约 2.5 毫米，宽约 2 毫米；表面细颗粒质光滑，有光泽，背面拱出，呈刀子形，腹面内凹。种脐位于内凹内，圆形，随凹弯曲，与种皮同色或有白色屑状物。种瘤位于有脐下方，稍突出，与种脐间略呈深色脐条，胚根为种子的 1/2，胚根尖与子叶呈大角度开张。（见图 14.37）

分布　原产于南美洲。在中国，现栽培或逸生于福建、台湾、湖南、广东、海南、广西、四川、云南等地；非洲、亚洲、大洋洲、美洲的热带、亚热带地区。

倍率：X50.0
0.20mm

149

中文名：**兰花猪屎豆**

学　名：*Crotalaria sessiliflora*

属：**猪屎豆属 Crotalaria**

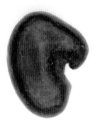

倍率：X50.0
0.20mm

图 14.38 兰花猪屎豆

形态特征

　　荚果短圆柱形，长约 10 毫米，苞被萼内，下垂紧贴于枝，秃净无毛；种子 10~15 颗。种子近肾形，钩状，侧扁，黄褐色至褐色，有光泽，长约 3 毫米，宽约 2 毫米，表面光滑；胚根与子叶分离，在腹侧形成向上的凹陷，胚根长度为子叶的 1/2，根尖钩状。种脐位于腹侧的凹陷内，不为胚根所掩盖，圆形，凹陷，呈洞口状不弯曲。（见图 14.38）

分布　中南半岛、南亚、太平洋诸岛，以及朝鲜、日本等。

150

中文名：**美丽猪屎豆**

学　名：*Crotalaria spectabilis*

属：**猪屎豆属 Crotalaria**

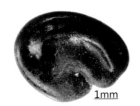

1mm

1mm

图 14.39 美丽猪屎豆

形态特征

　　荚果圆柱形或长圆形，长 2.5~3 厘米，厚 1.5~2 厘米，上下稍扁，秃净无毛，膨胀；内含多数种子。种子长 4~5 毫米，宽 3~3.5 毫米，肾形或近肾形，两侧扁平；黑色或暗黄褐色，表面非常光亮，两端与背部钝圆，中部宽；胚根与子叶分离，长度为子叶长的 1/2 以上，其端部向内弯曲成钩状。种脐位于腹面胚根端部的凹陷内，被胚根端部完全遮盖，种脐周围被细砂纸状的粗糙区所围绕。种子横切面椭圆形；子叶黄褐色；种子有少量胚乳。（见图 14.39）

分布　原产于热带、亚热带地区。在中国，江西、云南有引种。

151

中文名：**菽麻**

学　名：*Crotalaria juncea*

属：**猪屎豆属 Crotalaria**

倍率：X30.0
0.20mm

图 14.40 菽麻

形态特征

　　荚果长圆形，长约 3 厘米，被锈色柔毛；种子 10~15 颗。种子倒卵状肾形，长约 5.5 毫米，宽约 4 毫米，厚约 2 毫米；胚根长为子叶的 1/2 以上，尖与子叶分开，尖弯曲旺钩状，表面深橄榄绿色，或此色带点褐色，粗糙，具瘤状小突起，表面暗淡或稍具光泽。种脐靠近种子的中央，椭圆形，常被胚根弯曲成的钩状所掩盖。种瘤在脐下边，突出，褐色，或较种皮色浅，距种脐约 0.6 毫米，胚乳极薄。（见图 14.40）

分布　原产于印度，广泛栽培或逸生于亚洲、非洲、大洋洲、美洲热带和亚热带地区。在中国，福建、台湾、广东、广西、四川、云南有分布，江苏、山东有栽培。

152

中文名：**细叶猪屎豆**

学　名：*Crotalaria ochroleuca*

属：**猪屎豆属 Crotalaria**

形态特征

　　荚果长圆形，长约 4 厘米，直径约 1.5~2 厘米，被稀疏的短柔毛；种子 20~30 颗。种子肾形，长约 2.5 毫米，宽约 2.2 毫米，淡棕褐色或红褐色，表面光滑，有光泽；胚根斜外突，其长度为子叶长的 1/2，与子叶分离，端部圆，不呈钩状，胚根部较薄，背面斜圆，近胚根端部宽，腹面明显凹陷。种脐位于腹面近中的凹陷内，圆形，种子横切面卵状椭圆形，子叶红褐色，种子有少量胚乳。（见图 14.41）

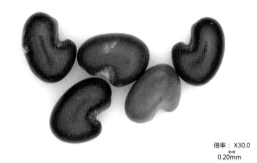

图 14.41 细叶猪屎豆

分布　原产于非洲。在中国，现栽培或逸生于广东、海南及广西等地。

图 14.42 猪屎豆

分布　在中国，分布于福建、台湾、广东、广西、四川、云南、山东、浙江、湖南等地；美洲、非洲、亚洲其他热带、亚热带地区也有分布。

153

中文名：**猪屎豆**

学　名：*Crotalaria pallida*

属：**猪屎豆属 Crotalaria**

形态特征

　　荚果长圆形，长约 4 厘米，宽约 8 毫米，幼时被毛，成熟后脱落，果瓣开裂后扭转；种子多数。种子长约 3 毫米，宽约 2.5 毫米，浅灰色，淡黄色，并具暗灰色或暗绿色排列不规则的同心圆状条纹，近肾形，两侧扁，表面平滑有光泽；胚根与子叶分离，端部直面钝圆，无钩。种脐位于腹面胚根端部的凹陷内，近圆形，淡褐色，周围黄白色。种瘤位于种脐下方，与种皮同色，不明显。种子横切面长椭圆形，子叶土黄色，有少量胚乳。（见图 14.42）

154

中文名：**合萌**

学　名：*Aeschynomene indica*

属：**合萌属 Aeschynomene**

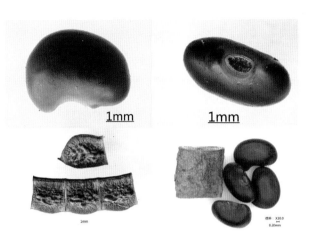

图 14.43 合萌

形态特征

　　荚果线状长圆形，直或弯曲，长 3.5 厘米，宽约 4 毫米；荚果分节脱落，每节片矩形，扁，棕褐色，长约 5 毫米，表面中部具瘤状皱褶。种子肾形；绿色、绿褐色、棕褐色至近黑色；长约 4 毫米，宽约 2.5 毫米，表面光滑。种脐位于腹面凹陷内，矩圆形；周围有两圈晕环，外圈黄色，内圈褐色；脐面中部具脐钩，两侧具小瘤和白色屑状物；脐一端为深褐色种孔，另一端为隆起的种瘤。（见图 14.43）

分布 在中国，分布于华北、华东、中南、西南等地区；非洲、大洋洲及亚洲热带地区，以及朝鲜、日本均有分布。

图 14.44 花木蓝

分布 在中国，分布于吉林、辽宁、河北、山东、江苏（连云港）；朝鲜、日本也有分布。

155

中文名：**花木蓝**

学　名：*Indigofera kirilowii*

属：**木蓝属 Indigofera**

形态特征

　　荚果棕褐色，圆柱形，长 3.5~7 厘米，直径约 5 毫米，无毛，内果皮有紫色斑点，有种子 10 余粒；果梗平展。种子赤褐色，圆柱形，长约 5 毫米，宽约 3 毫米，略扁。种脐位于腹面中下部，凹陷，黑褐色至黑色，距圆形。种瘤位于种脐的下方，黑褐色，两者之间有 1 条黑褐色的脐线。（见图 14.44）

156

中文名：**苦参**

学　名：*Sophora flavescens*

属：**苦参属 Sophora**

1mm

1mm

图 14.45 苦参

形态特征

　　荚果长 5~10 厘米，种子间稍缢缩，呈不明显串珠状，稍四棱形，疏被短柔毛或近无毛，成熟后开裂成 4 瓣；有种子 1~5 粒。种子长卵形，稍压扁；深红褐色或紫褐色；长约 7 毫米，宽约 4 毫米；背面隆起，腹面微凹。种脐位于腹面近端部，长椭圆形，与种皮同色或色浅，覆有白色腊状物。种瘤位于另一端，微凸，种脐和种瘤之间形成两条黑色的脐条，两脐条中间微凹。（见图 14.45）

分布　在中国，分布于各地；印度、日本、朝鲜，以及俄罗斯（西伯利亚地区）也有分布。

157

中文名：**硬毛山黧豆**

学　名：*Lathyrus hirsutus*

属：**山黧豆属 Lathyrus**

1mm

1mm

图 14.46 硬毛山黧豆

分布　分布于美国，以及欧洲。

形态特征

　　荚果线形,扁平,长约 6 厘米,宽约 1 厘米,无毛,先端具长喙,基部具果颈；花萼宿存；种子 4~7 颗。种子近球形,稍扁；直径约 4 毫米；表面暗灰褐色,具不明显的黑色斑点,粗糙,具密的小瘤,无光泽或微具光泽。种脐在稍扁的一面,宽,与种皮同色或白色；长约 2 毫米,宽约 0.8 毫米,长约为种子圆周长的 1/5；脐沟黄白色,晕轮隆起。种瘤黑色,距脐约 0.5 毫米,无胚乳。（见图 14.46）

158

中文名：**鸟爪豆**

学　名：*Ornithopus sativus*

　属：**鸟爪豆属 Ornithopus**

倍率：X50.0
0.20mm

图 14.47 乌足豆

形态特征

　　荚果直，线状圆柱形，长 2 厘米，宽约 3 毫米，褐色，易折断，节荚扁状圆筒形，两端平截，长约 4 毫米，表面有明显外凸的网纹，节荚内含 1 粒种子，种子长卵圆形，两侧扁平，长约 1.5 毫米，灰褐色，表面光滑，有不明显的纵凹纹，肿脐位于腹面近中部，近圆形，凹入，浅褐色，脐上有白色海绵状才行盖物。（见图 14.47）

分布　原产于欧亚大陆温带地区。在中国，河北、云南、贵州、四川、甘肃等地有分布。

图 14.48 鹰嘴豆

159

中文名：**鹰嘴豆**

学　名：*Cicer arietinum*

　属：**鹰嘴豆属 Cicer**

分布　主要分布于地中海沿岸、亚洲、非洲、美洲等；在中国，甘肃、青海、新疆、陕西、山西、河北、山东、河南、台湾、内蒙古等地有引种栽培。

形态特征

　　荚果卵圆形，膨胀，下垂，长约 2 厘米，宽约 1 厘米，幼时绿色，成熟后淡黄色，被白色短柔毛和腺毛；有种子 1~4 颗。种子被白色短柔毛，黑色或褐色，具皱纹，一端具细尖，一端钝圆。种脐位于腹面尖端部，尖嘴的下方，椭圆形，有覆有白色腊状物。（见图 14.48）

160

中文名：**紫荆**

学　名：*Cercis chinensis*

　属：**紫荆属 Cercis**

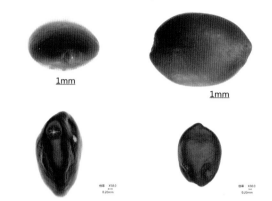

图 14.49 紫荆

形态特征

　　荚果狭长方形，扁平；长 5~14 厘米，宽 1~1.5 厘米；沿腹缝线有狭翅，暗褐色。种子 2~8 颗，扁，近圆形；长约 4 毫米，宽约 3 毫米；端部尖，基部钝圆。种脐位于基部，凹陷。（见图 14.49）

分布　原产于中国。现日本、韩国、新西兰、美国等也有分布。

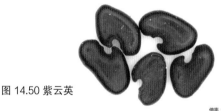

图 14.50 紫云英

161

中文名：**紫云英**

学　名：*Astragalus sinicus*

　属：**黄芪属 Astragalus**

分布　中国各地多栽培。日本、韩国、英国也有分布。

生境　生于海拔 400~3000 米的山坡、溪边及潮湿处。

形态特征

　　荚果线状长圆形，稍弯曲；长 12~20 毫米，宽约 4 毫米；具短喙；黑色，具隆起的网纹。种子近肾形，钩状，侧扁，黄褐色至褐色，有光泽，长约 3 毫米，宽约 2 毫米，表面光滑；胚根与子叶分离，在腹侧形成向上的凹陷，胚根长度为子叶的 1/2，根尖钩状。种脐位于腹侧的凹陷内，不为胚根所掩盖，圆形，凹陷。（见图 14.50）

十五

马齿苋科
Portulacaceae

162

中文名：**环翅马齿苋**

学　名：*Portulaca umbraticola*

　　属：**马齿苋属** Portulaca

1mm

分布 在中国，各地均有分布；其他温带和热带地区也有分布。

形态特征

种子扁，倒卵形，略呈肾形；长 0.6~0.9 毫米，宽 0.4~0.6 毫米；表面红褐色，有金属光泽，覆盖星状突起，并排列成同心的行列；背面中央有 3~5 列大瘤状突；两侧近基部有 1 带状凹陷区。种脐为椭圆形，位于腹面凹口处，其上覆盖这黄白色碟翅状的脐膜。（见图 15.1）

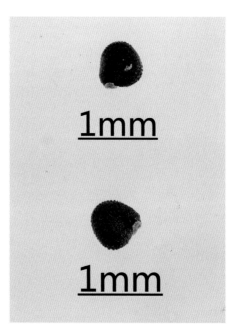

1mm

1mm

图 15.1 环翅马齿苋

十六

柳叶菜科
Onagraceae

163

中文名：**小花山桃草**

学　名：*Gaura parviflora*

　　属：**山桃草属 Gaura**

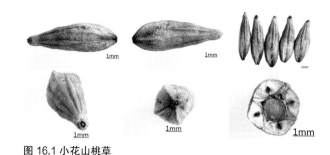

图 16.1 小花山桃草

形态特征

蒴果坚果状，圆柱状棱形；淡黄色至黄褐色；长 7 毫米，中部宽 2 毫米；表面细颗粒质平滑，具 4 纵脊，脊间具棱；顶端收缩为四棱形，平截，截面方形；基部收缩为圆柱形，斜截，截面有果柄残余。种子 4 粒，或 3 粒（其中 1 室的胚珠不发育），卵状，长 3~4 毫米，直径 1~1.5 毫米，红棕色。（见图 16.1）

分布　原产于美国，中西部最多。南美洲、欧洲、亚洲，以及澳大利亚等地有引种并逸为野生；在中国，河北、河南、山东、安徽、江苏、湖北、福建有引种，并逸为野生杂草。

倍率：X100.0
0.20mm

倍率：X100.0
0.20mm

图 16.2 月见草

164

中文名：**月见草（山芝麻、夜来香）**

学　名：*Oenothera biennis*

　　属：**月见草属 Oenothera**

形态特征

蒴果圆柱形，具四棱，成熟时 4 瓣开裂，内含多数种子。种子不规则性，有半圆形，近三角形，楔形及长方形，长 1.2~2 毫米，宽 1~1.2 毫米，具锐角棱，常为三棱、四棱或五棱等。种皮综褐色，表面发皱，种脐微凹，位于种子的腹端。自脐部至种子顶端有 1 条深色线纹，种子无胚乳，胚直生。（见图 16.2）

分布　原产于北美洲（尤加拿大与美国东部），早期引入欧洲，中国东北、华北、华东（含台湾）、西南（四川、贵州）也有分布。曾在自巴西、阿根廷进口的大豆，自美国进口的大豆、小麦，自澳大利亚进口的大麦、高粱、原毛，自朝鲜进口的豇豆（旅客携带物）中有发现。

生境　田野杂草或可栽培。

十七

酢浆草科

Oxalidaceae

165

中文名：**酢浆草（酸味草、鸠酸、酸醋酱）**

学　名：*Oxalis corniculata*

　　属：**酢浆草属 Oxalis**

倍率：X50.0
0.20mm

倍率：X100.0
0.20mm

倍率：X100.0
0.20mm

图 17.1 酢浆草

形态特征

　　果实为蒴果，近圆柱形，长 1.2~1.5 厘米，5 棱，被短柔毛，成熟时室背开裂弹出种子，内含种子多数。种子长约 1.2~1.5 毫米，宽 0.7~0.8 毫米，厚 0.1~0.2 毫米；红色或深红棕色；短椭圆形；种子两侧扁平，表面具显著隆起的波浪状横皱纹，侧面观呈长棱状椭圆形，周边脊棱明显，一侧中央具纵沟 1 条，沟的两边各具 1 纵脊棱，另一侧具纵脊棱 3 条，中脊棱明显突出；先端钝尖，基部钝圆。种脐在基端，不明显。种皮薄而脆，内含 1 直生胚，位于丰富的胚乳中。（见图 17.1）

分布　在中国，广布于各地；亚洲其他温带和亚热带地区、地中海地区，以及欧洲、北美洲等地也有分布。曾在自阿根廷进口的大豆，自美国进口的大豆、高粱、小麦、百里香叶，自乌克兰进口的大麦、玉米，自日本进口的植物种苗（国际邮件）中有发现。

分布　生于山坡草地、河谷沿岸、路边、田边、荒地或林下阴湿处等。

十八

牻牛儿苗科
Geraniaceae

166

中文名：**野老鹳草**

学　名：*Geranium carolinianum*

属：**老鹳草属 Geranium**

形态特征

　　蒴果鸟喙状，果皮密被白色长绒毛，成熟时 5 瓣裂，果瓣向上弯曲，每瓣含 1 粒种子。种子阔椭圆形；长约 2 毫米，宽约 1.3 毫米；两端钝圆。种皮红褐色，表面具不甚明显而隐约可见的网状纹，网眼红褐色，网纹桔黄色。背面圆钝；腹面胚根呈脊状隆起，长为子叶的 3/4。种瘤位于基底，红褐色，低丘状。种脐微小，圆形，稍突起，位于种子距基端约 0.5 毫米处，种脐圆形，突起，褐色。在种脐与种瘤之间有 1 条浅黄色的线状种脊。种子无胚乳，胚体淡黄色，子叶与胚根对折。（见图 18.1）

   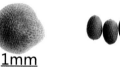

图 18.1 野老鹳草

分布　在中国，分布于江苏、浙江、江西、河南、云南、四川等地；美洲也有分布。曾在自巴西、阿根廷、乌拉圭进口的大豆，自法国、乌克兰、丹麦、澳大利亚进口的大麦、高粱，自美国进口的大豆、大麦、小麦、高羊茅种子中有发现。

167

中文名：**芹叶牻牛儿苗**

学　名：*Erodium cicutarium*

属：**牻牛儿苗属 Erodium**

形态特征

　　瘦果棒状；长约 5 毫米，宽约 1 毫米；横切面为圆形，表面桔红褐色，有短伏毛，顶端是广椭圆形的腔，腔上带有凸缘边；丛凸缘边产生 1 个长的缠绕的喙，长约 10 毫米，喙上有冠毛，瘦果基部急尖。果脐位于基端，微小，内含 1 粒种子。种子卵状矩圆形，长约 3 毫米，粗近 1 毫米，纵切面三角状卵形，胚红褐色，无胚乳。（见图 18.2）

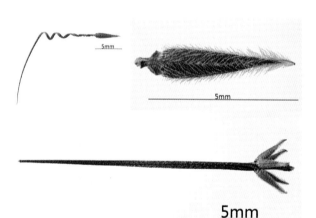

图 18.2 芹叶牻牛儿苗

分布　在中国，分布于东北、华北、西北地区，以及江苏北部、四川西北和西藏西部等地；印度西北部、欧洲和北非也有分布。

十九

亚麻科
Linaceae

168

中文名：**亚麻（鸦麻、壁虱胡麻、山西胡麻）**

学　名：*Linum usitatissimum*

　　属：**亚麻属 Linum**

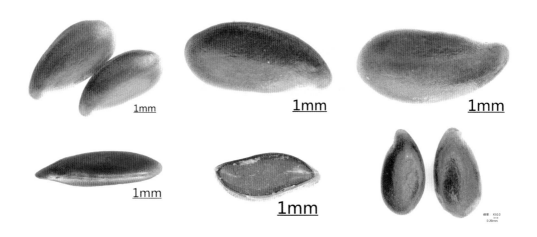

图 19.1 亚麻

形态特征

　　果实为蒴果，球形，长 6~8 毫米，顶端 5 瓣开裂，每室含种子 2 粒。种子扁倒长卵形；长 4~4.5 毫米，宽约 2 毫米；顶端钝圆，基部钝尖。种皮革质，红褐色或深褐色，表面平滑，有光泽；种子周边较薄，颜色较浅。种脐长形，位于种子一侧下端凹口处，内无胚乳，胚直生。（见图 19.1）

分布

　　原产于地中海地区。在中国，各地皆有栽培；欧洲的温带地区，以及亚洲其他温带地区多有栽培。

蒺藜科
Zygophyllaceae

169

中文名：**蒺藜（白蒺藜）**

学　名：*Tribulus terrestris*

　　属：**蒺藜属 Tribulus**

图 20.1 蒺藜

形态特征

　　果实由 5 个分果爿组成，其大小不一，每个果瓣呈近楔形，背部较厚而拱圆，其上端有 1 对坚韧的长棘刺，下端有 1 对短棘刺，腹部较薄而平直。果皮表面凹凸不平，并有多数细刺及密被短毛，果皮坚硬，内分 2 或 3 室，每室 1 粒种子。种子卵状三角形或卵形；长约 3 毫米，宽约 1 毫米；一端近截形，另一端较尖；种皮薄，淡黄色，表面有细皱纹。种脐位于尖端，内脐圆形，位于种脐相对的一端，种脊线形，稍突起。内无胚乳，胚直生。（见图 20.1）

分布

在中国，分布于各地；世界范围内，其他温带地区也有分布。

二十一

大戟科
Euphorbiaceae

170

中文名：**腺巴豆**

学　名：*Croton glandulosus*

　属：**巴豆属 Croton**

形态特征

　　果实为蒴果，3 室，每室含种子 1 粒。种子长 3~3.5 毫米，宽 2.5~2.8 毫米，广椭圆状卵形；淡褐色至灰褐色，密布不规则的暗褐色或近黑色的斑点或斑纹；两面稍突，表面平滑，具极微细的刻点，有明显光泽；背面钝圆，腹面稍平；中央有 1 细纵缝线，自顶端直达合点。种脐位于合点下方的凹陷处，细小，近圆形；大部分为种阜所覆盖，阜中部弯隆呈帽状，黄褐色，合点点状。种子横切面近菱形，胚直生，子叶匙形，位于丰富胚乳中央；胚及胚乳均呈乳白色。（见图 21.1）

图 21.1 腺巴豆

分布　美洲有分布，中国尚无记载。曾在自巴西、乌拉圭、埃塞俄比亚、阿根廷、美国进口的大豆，自加拿大进口的大豆、油菜籽、亚麻籽，自澳大利亚进口的高粱中有发现。

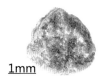

图 21.2 齿裂大戟

分布　原产于北美洲。近年发现北京有归化。曾在自巴西、加拿大、阿根廷、美国、乌拉圭、埃塞俄比亚进口的大豆，自莫桑比克、坦桑尼亚、尼日尔进口的芝麻中有发现。

生境　喜光的阳性植物；生于杂草丛、路旁及沟边。田野杂草。

171

中文名：**齿裂大戟（紫斑大戟）**

学　名：*Euphorbia dentata*

　属：**大戟属 Euphorbia**

形态特征

　　蒴果扁球状。种子倒卵圆形；长约 2.5 毫米，宽约 2.1 毫米；背部拱圆，腹部略平坦，其间有 1 条线状凹下的脐条；种皮暗红褐色，表面极粗糙，并有乳白色蜡质状的颗粒；在腹面狭端有 1 个较大、歪斜、凹陷的圆面，淡黄色呈圆形的种阜覆盖着脐区的 1/2。种脐位于种子基部，凹陷，圆形。种子含有丰富的胚乳，胚埋藏其中。（见图 21.2）

172

中文名：**戴维大戟**

学　名：*Euphorbia davidii*

属：**大戟属 Euphorbia**

1mm

图 21.3 戴维大戟

形态特征

　　种子倒卵圆形；长约 3 毫米，宽约 2 毫米；背部拱圆，腹部略平坦，其间有 1 条线状凹下的脐条。种皮褐色至黑褐色，表面极粗糙，具密集整齐的瘤突组成的网纹，并无规则地分布着一些较大的突起；在腹面狭端有 1 个较大、歪斜、凹陷的圆面，黄白色种阜覆盖着不到 1/2 的脐区。种脐位于种子基部，凹陷，圆形。种子含有丰富的胚乳，胚埋藏其中。（见图 21.3）

分布 原产于北美洲。分布于美国、加拿大、墨西哥、保加利亚、法国、匈牙利、意大利、摩尔多瓦、俄罗斯、塞尔维亚、乌克兰、澳大利亚。2019 年杂草调查时，在山东威海有发现。

173

中文名：**地锦草**

学　名：*Euphorbia humifuca*

属：**大戟属 Euphorbia**

图 21.4 地锦草

分布 在中国，分布较广；俄罗斯西伯利亚地区，以及朝鲜、日本等也有分布。

形态特征

　　蒴果三棱状阔卵形，棱角上有长柔毛，棱间光滑无毛，成熟时 3 瓣裂，每瓣 1 粒种子。种子四棱状倒阔卵形，具四棱，长 1~1.3 毫米，宽 1 毫米。种皮淡红褐色至暗褐色，并具有 6 或 7 条横细脊棱，表面被 1 薄层白色蜡质物。种脐圆点状，位于种子腹面基端，内脐稍突起，位于种子相对的一端；沿着种子腹面中间，自种脐至内脐中心有 1 条隆起的褐色线状种脊。种皮薄，内启 1 直生胚，藏于胚乳中。（见图 21.4）

叶下珠科
Phyllanthaceae

174

中文名：**蜜柑草**

学　名：*Phyllanthus ussuriensis*

属：**叶下珠属 Phyllanthus**

形态特征

　　蒴果球形，稍扁，果皮表面近平滑，具细果柄，成熟时 3 瓣裂，每果瓣内含 1 粒种子。种子三棱状倒阔卵形；长约 1.6 毫米，宽约 1 毫米；背部拱圆，腹部中间有 1 条隆起的纵脊，把腹部分成两个相等凹陷斜面。种皮黄褐色，表面密生细微的瘤状突起，并有稀疏的黑褐色斑纹。种脐小，近圆形，位于种子腹面的基部。种子含有胚乳，胚直生。（见图 22.1）

图 22.1 密柑草

分布　在中国，分布于江苏、安徽、浙江、福建；日本也有分布。

图 22.2 算盘子

175

中文名：**算盘子**

学　名：*Glochidion puberum*

属：**算盘子属 Glochidion**

形态特征

　　蒴果扁球状，直径 8~15 毫米，边缘有 8~10 条纵沟，被短柔毛，成熟时带红色，顶端具有环状而稍伸长的宿存花柱。种子近肾形，具 3 棱，长约 4 毫米，硃红色。（见图 22.2）

分布　在中国，分布于陕西、甘肃、江苏、安徽、浙江、江西、福建、台湾、河南、湖北、湖南、广东、海南、广西、四川、贵州、云南、西藏等地。

二十三

番杏科
Aixoaceae

176

中文名：**粟米草（地麻黄）**

学　名：*Mollugo stricta*

　属：**粟米草属 Mollugo**

1mm

图 23.1 粟米草

形态特征

　　种子肾形，长约0.5毫米，宽0.4~0.5毫米。种皮桔红色，表面具小瘤，侧面成同心圆状排列，背面成行排列。种脐小，不明显，位于种子基部凹陷处。种子内含 1 环状胚，围绕着白色粉质胚乳（外胚乳）。（见图 23.1）

分布　欧洲、亚洲、非洲的热带和亚热带地区，中国大部分地区有分布。

二十四

伞形科

Apiaceae

177

中文名：**大阿米芹**

学　名：*Ammi majus*

属：**阿米芹属 Ammi**

形态特征

　　双悬果长圆形至矩圆形。分果瓣椭圆状矩形，平凸状，略弯曲，长约 2.2 毫米，宽约 0.8 毫米；暗褐色；表面颗粒状粗糙；背面隆起，具 5 条淡黄色纵棱，棱间有暗褐色隆起纵脊；腹面稍弯曲，中央具纵沟；果顶端具喙状柱头残基；基部钝圆。（见图 24.1）

图 24.1 大阿米芹

分布 欧洲、亚洲、非洲的热带地区。

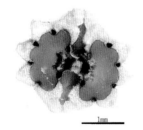

图 24.2 茴香

分布 原产于地中海沿岸。中国各地有栽培。以栽培为主。

178

中文名：**茴香**

学　名：*Foeniculum vulgare*

属：**茴香属 Foeniculum**

形态特征

　　果实为双悬果。分果瓣长椭圆形，长 4.2~5.0 毫米，宽 1.1~1.15 毫米，厚约 1.0 毫米；黄褐色；背面圆隆，具 5~7 条淡黄色的纵脊棱，棱间凹入成浅沟；腹面稍凹，具 2 条淡黄色稍突起的纵条带；顶端钝圆，具残存花柱；基部急尖成喙状。果脐位于果实腹面基部，近圆形。胚体微小；胚乳丰富，淡黄茶色。横切面每个分果瓣肾形有明显 4 条油路。（见图 24.2）

179

中文名：**破子草**

学　名：*Torilis japonica*

属：**窃衣属 Torilis**

倍率：X50.0
0.20mm

图 24.3 破子草

形态特征

　　果实为双悬果。分果瓣卵状椭圆形，长 1.5~3.5 毫米，宽 0.8~1.2 毫米；背面钝圆，具 3 条纵脊棱，棱上着生较细的斜向上内弯的黄绿色钩刺，棱间凹成纵沟；腹面内弯曲，中间有 1 条纵脊，脊间灰褐色；顶端钝圆，具残存花柱；基部渐窄而尖突；横切面宽肾形，有数个暗褐色的油管。果脐位于腹面的近端部；种子含丰富的与胚近同色的胚乳。胚体微小，黄绿色。（见图 24.3）

分布 中国、日本，以及亚洲北部、欧洲、非洲北部。

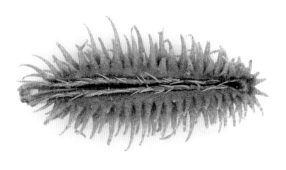

倍率：X50.0
0.20mm

图 24.4 窃衣

分布 在中国，分布于西北、华北、中南、西南等地区；朝鲜、日本也有分布。

180

中文名：**窃衣**

学　名：*Torilis scabra*

属：**窃衣属 Torilis**

形态特征

　　双悬果长椭圆形。悬果瓣呈半长椭圆形，两端尖，长约 6 毫米（不包括残存花柱），宽约 1 毫米；背面拱形；表面具 4 条宽棱，棱上生许多皮刺，刺末端稍弯，棱间有小棱，棱上无刺；果瓣接合面平坦，中间深凹，其凹口边缘有斜向上的直生白色刺状毛；果实顶端有尖头状残存花柱；果内含种子 1 粒；果皮灰褐色。种子含丰富的胚乳；胚体微小。（见图 24.4）

181

中文名：**旱芹**

学　名：***Apium graveolens***

　　属：**芹属 Apium**

图 24.5 旱芹

形态特征

分果瓣阔椭圆形，平凸；褐色至深褐色；长约 1.2 毫米，宽约 0.7 毫米；表面颗粒状粗糙，背部拱起，具 5 条黄色窄翅纵棱，腹面平直，顶端具柱头残基。（见图 24.5）

分布　欧洲、亚洲、非洲及美洲。

图 24.6 宽叶高加利

分布　中欧、地中海地区、北美和亚洲西南部。曾在自美国、阿根廷进口的小麦中发现。

182

中文名：**宽叶高加利**

学　名：***Turgenia latifolia***

　　属：**刺果芹属 Turgenia**

形态特征

悬果瓣长椭圆形，长 6~10 毫米，宽 2~4 毫米（不计棘刺）。先端具长喙，基部截平，背部拱起，具纵向脊棱 4 条（次棱），棱上生粗而长棘刺，棱间另有短刺 3 列（主棱），其最外 2 列在接合面边缘，接合面平坦，横剖面可见 4 条有关与维管束相间排列。种子含丰富的胚乳，胚体极小。（见图 24.6）

183

中文名：**前胡**

学　名：*Peucedanum praeruptorum*

　属：**前胡属 Peucedanum**

倍率：X50.0
0.20mm

图 24.7 前胡

形态特征

　　果实卵圆形，背部扁压，长约 4 毫米，宽 3 毫米，棕色，有稀疏短毛，背棱线形稍突起，侧棱呈翅状，比果体窄，稍厚；棱槽内油管 3~5 条，合生面油管 6~10 条；胚乳腹面平直。（见图 24.7）

分布　在中国，分布于甘肃、河南、贵州、广西、四川、湖北、湖南、江西、安徽、江苏、浙江、福建（武夷山）等地；日本、韩国也有分布。

生境　生长于海拔 250~2000 米的山坡林缘、路旁或半阴性的山坡草丛中。

倍率　X100.0
0.20mm

图 24.8 蛇床

倍率：X50.0
0.20mm

184

中文名：**蛇床**

学　名：*Cnidium monnieri*

　属：**蛇床属 Cnidium**

形态特征

　　分果阔椭圆形，一面平、一面凸，长约 2 毫米，宽约 1.2 毫米，黄褐色；表面粗糙；背面具翅状纵棱 5 条，翅间各有棱状油管 1 条，平的一面只有 2 条棱状油管。果内含 1 粒种子，种皮薄，内含丰富的胚乳，胚体微小。（见图 24.8）

分布　在中国，分布于各地；朝鲜，以及俄罗斯远东地区和欧洲其他地区也有分布。

生境　生于农田、路旁、草丛。

185

中文名：**芫荽**

学　名：*Coriandrum sativum*

属：**芫荽属 Coriandrum**

图 24.9 芫荽

形态特征

　　双悬果球形。分果瓣阔卵形，瓢状，长约4 毫米，宽约 3 毫米；黄色至黄褐色；背面拱圆，具 6 条纵棱，棱间具 1 条略隆起、曲折或波状起伏的油管；腹面内凹如瓢状，具 2 条弧形油管，中间具隆起脊；果实顶端具锥形的花柱残基，其下部具宿存萼齿残痕；基端圆。（见图 24.9）

分布　原产于地中海沿岸及中亚地区。现全世界大部分地区都有种植。

图 24.10 莳萝

分布　原产于欧洲南部。在中国，东北地区，以及甘肃、四川、广东、广西等地有栽培。

186

中文名：**莳萝**

学　名：*Anethum graveolens*

属：**莳萝属 Anethum**

形态特征

　　果椭圆形或卵状椭圆形，长 3~5 毫米，直径 2~2.5 毫米，褐色，背扁，背棱线形，稍突起，侧棱窄翅状；每棱槽油管 1，合生面油管 2；胚乳腹面平直；果熟时分果易分离脱落。（见图 24.10）

二十五

报春花科
Primulaceae

187

中文名：**虎尾草（狼尾花）**

学　名：*Lysimachia barystachys*

　　属：**珍珠菜属 Lysimachia**

形态特征

　　蒴果球形，直径 2.5~4 毫米。种子多切削棱；近三面体；黑褐色或黑色；长 1 毫米，宽 0.8 毫米；表面粗糙，具海绵质网眼，有时散乱分布白色颗粒状物；背面平，腹面具 1 条高高隆起的纵棱，棱的两侧较凸。种脐位于腹部纵棱顶端，条形，覆以白色屑状物。（见图 25.1）

图 25.1 虎尾草

分布　在中国，大部分地区有分布；俄罗斯、朝鲜、日本也有分布。

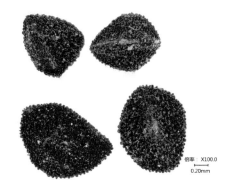

188

中文名：**金爪儿**

学　名：*Lysimachia grammica*

　　属：**珍珠菜属 Lysimachia**

图 25.2 金爪儿

形态特征

　　蒴果球形，淡褐色，直径 4~5 毫米；表面着生许多细长的柔毛；瓣裂；种子锥状，凹凸不平；周边薄；表面近黑色，粗糙，有网状格纹；横切面近三角形。（见图 25.2）

分布　在中国，分布于江苏、浙江、湖北、四川、贵州等地。

189

中文名：**狭叶珍珠菜**

学　名：*Lysimachia pentapetala*

属：**珍珠菜属 Lysimachia**

  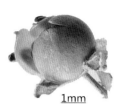

1mm　　1mm　　1mm

1mm

图 25.3 狭叶珍珠菜

形态特征

蒴果球形，直径 2~3 毫米。种子倒卵形，长约 1.5 毫米，宽 0.9~1 毫米，厚约 0.6 毫米。种子背面微突，腹面具钝棱，具翅，两侧不凹陷，横断面近扇形。表面红褐色，粗糙，具网纹，网眼不排列成行，网壁微凸，无光泽。种脐在腹面中央，线形，黑色，长约 0.3 毫米。（见图 25.3）

分布　在中国，分布于东北、华北地区，以及甘肃、陕西、河南、湖北、安徽、山东等地；韩国也有分布。

生境　生于山坡荒地、路旁、田边和疏林下。

倍率：X100.0
0.20mm

图 25.4 星宿菜

190

中文名：**星宿菜**

学　名：*Lysimachia fortunei*

属：**珍珠菜属 Lysimachia**

形态特征

蒴果球形，直径约 2~2.5 毫米。种子倒角锥状，凹凸不平；长约 0.9 毫米，宽 0.5~0.6 毫米，厚 0.3~0.4 毫米；背面平直，腹面呈矮的钝的钝棱，横断面近三角形；表面黑褐色，粗糙，具网状纹，网眼排列成行，网壁粗纸状，无光泽。种脐位于腹面纵棱顶的中央，椭圆形，长约 0.2 毫米。（见图 25.4）

分布　在中国，分布于中南、华南、华东等地；朝鲜、日本、越南也有分布。

生境　生于沟边、田边等低湿处。

用途　民间常用草药。功能为清热利湿、活血调经。主治感冒、咳嗽咯血、肠炎、痢疾、肝炎、风湿性关节炎、痛经、白带、乳腺炎、毒蛇咬伤、跌打损伤等。

茜草科

Rubiaceae

191

中文名：**假猪殃殃**

学　名：*Galium spurium*

属：**拉拉藤属 Galium**

形态特征

　　果实由 2 个心皮构成，成熟时分离。分离心皮扁圆球形，长、宽均为 1.5~2 毫米，厚约 1.5 毫米，灰黑色；表面密布灰白色透明的棘刺状突起，突起基部膨大，末端呈钩状；背面宽圆隆突；腹面圆口状凹入，上面有脱裂痕，并覆盖灰色的珠柄；每心皮内含种子 1 粒。种子位于心皮背面的中央，黄褐色至暗褐色，表面具排列整齐而突起的细网纹；横切面呈半圆球的空腔。胚环状，黄色，位于淡灰黄色的胚乳中央。（见图 26.1）

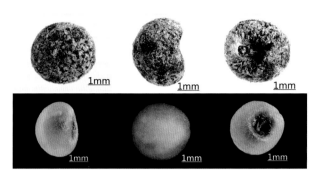

图 26.1 假猪殃殃

分布 在中国，分布于中国长江流域及黄河中下游地区；亚洲其他国家（地区），以及欧洲、美洲也有分布。

生境 生于草地、果园、藤属。

图 26.2 猪殃殃

分布 在中国，广布各地；亚洲其他国家（地区），以及欧洲、美洲也有分布。

192

中文名：**猪殃殃**

学　名：*Galium sparine*

属：**拉拉藤属 Galium**

形态特征

　　果实成熟时分裂为 2 个离果。离果圆球形，稍扁，径长为 2~2.5 毫米，厚约 1.5 毫米，背面拱圆，腹面深凹陷，呈圆口杯状。果皮灰褐色、黄褐色或褐色，背面粗糙，并密生白色透明的空心钩刺毛，先端弯曲，背部瘤状，无光泽。果脐椭圆形，白色，位于果实腹面凹陷内。果内含 1 粒种子，胚弯生，白色，位于浅灰黄色的胚乳之中。（见图 26.2）

193

中文名：**三角猪殃殃**

学　名：*Galium tricornutum*

属：**拉拉藤属 Galium**

形态特征

　　果实成熟时分裂为 2 个离果。离果稍呈扁圆球形，直径 2.5~3.5 毫米，厚 2.5 毫米，背面拱圆，腹面中央深凹，呈圆孔状。果皮暗黄褐色至暗红褐色，表面密布圆形的颗粒，并有白点或白色针状条纹相间。果脐椭圆形，位于果实腹面凹洼内，胚弯生，呈白色，位于胚乳的中央。（见图 26.3）

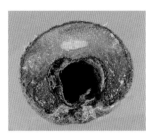

图 26.3 三角猪殃殃

分布　在中国，分布于华东、华北、西北地区；亚洲中部、东部以及印度的北部，地中海沿岸、非洲北部等地也有分布。

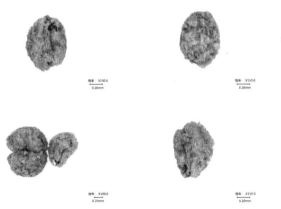

图 26.4 四叶葎

194

中文名：**四叶葎**

学　名：*Galium bungei*

属：**拉拉藤属 Galium**

分布　在中国，分布于黑龙江、辽宁、内蒙古、河北、山西、陕西、宁夏、甘肃、山东、江苏、安徽、浙江、江西、福建、台湾、河南、湖北、湖南、广东、广西、四川、贵州、云南等地；日本、朝鲜也有分布。

生境　生于山地、丘陵、旷野、田间、沟边的林中、灌丛或草地，常见于海拔 50~2520 米。

形态特征

　　果爿近球状，直径 1~2 毫米，通常双生，有小疣点、小鳞片或短钩毛，稀无毛，背面拱圆，腹面略平，表面黄褐色；果柄纤细，常比果长，长可达 9 毫米。果脐位于腹面基部。（见图 26.4）

二十七

败酱科
Valerianaceae

195

中文名：**败酱**

学　名：*Patrinia scabiosifolia*

属：**败酱属 Patrinia**

图 27.1 败酱

形态特征

　　瘦果阔椭圆形，黄褐色，长 2~4 毫米，具 3 棱；表面近无毛，背面稍隆起，较平，腹面中央具较高的脊状隆起，形成两个斜面，周边具膜质窄翅；果脐较小，位于腹面纵脊下方，圆形，凹陷，具膜质边缘。2 不育子室中央稍隆起成上粗下细的棒槌状，能育子室略扁平，向两侧延展成窄边状，内含 1 椭圆形、扁平种子。（见图 27.1）

分布　在中国，分布很广，除宁夏、青海、新疆、西藏、广东、海南外，各地均有分布；俄罗斯、蒙古国、朝鲜和日本也有分布。

二十八

夢蘿科

Asclepiadaceae

196

中文名：**地稍瓜**

学　名：*Cynanchum thesioides*

属：**鹅绒藤属 Cynanchum**

形态特征

　　蓇葖果纺锤形，两端短尖，中部膨大，长5~6 厘米，直径 2 厘米。种子阔倒卵形，极扁，基部平截，簇生白绢质种子毛（常脱落）红褐色；长约 6 毫米，宽约 4 毫米；表面细颗粒状，粗糙，边缘具翅，两端的翅尤宽，腹面中央凹陷，色深；自基部向上着生一乔木状纵棱，占种子长度的 2/3，顶端圆，具不规则浅齿。种脐位于种子基部，不明显。（见图 28.1）

图 28.1 地稍瓜

分布　在中国，分布于东北、华北、西北、华东、华中等地区；蒙古国、朝鲜、俄罗斯等也有分布。

197

中文名：**萝藦**

学　名：*Metaplexis japonica*

属：**萝藦属 Metaplexis**

形态特征

　　蓇葖果长角状纺锤形，长 8~10 厘米，宽2~3 厘米。果皮平滑或具明显的突起，淡灰黑色，成熟时一边开裂，内含多数种子。种子倒阔卵形，长 6.5~7.5 毫米，宽 3.5~4.5 毫米，极扁，顶端拱圆，边缘牙齿状，基部楔形，两侧边缘具宽翅。种皮灰褐色，表面发皱，并被灰色粉状物。种子腹面粗糙，中间有一条基部延伸至种子长度 3/4 的纵棱，其上端膨大呈倒卵形，深褐色。种子基端有一簇白绢质的种缨，成熟时极易脱落。种子含极少量或无胚乳。胚直生。（见图 28.2）

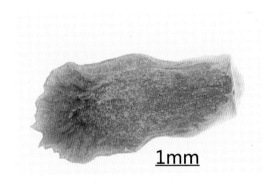

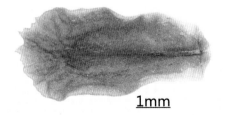

图 28.2 萝藦

分布　在中国，分布于西南、西北、东北及东南地区；东南亚等也有分布。

旋花科

Convolvulaceae

198

中文名：**单柱菟丝子**

学　名：*Cuscuta monogyna*

属：**菟丝子属 Cuscuta**

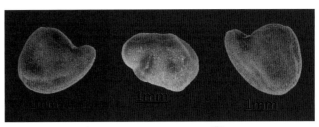

图 29.1 单柱菟丝子

形态特征

　　蒴果卵圆形或球形，长 4~5.5 毫米，开裂，内含种子 4 粒。种子扁球形或舌尖状，平凸，长 2.5~3.0 毫米；棕黄色至棕褐色；表面绒毡质；背面平或略凹；腹面稍拱起，被微突的中棱分成两半，一半基部延伸出较长的胚根（鼻突），另一半基底截平。种脐位于胚根与种子截平面交汇处，横向矩圆形，微凹；棕褐色；具横贯的细脐线。（见图 29.1）

分布 在中国，分布于新疆；非洲北部，以及法国、蒙古国、阿富汗、俄罗斯等也有分布。

199

中文名：**杯花菟丝子**

学　名：*Cuscuta approximata*

属：**菟丝子属 Cuscuta**

倍率：X100.0

图 29.2 杯花菟丝子

形态特征

　　果实为蒴果，近球形，花柱 2 个，柱头棒状，顶端微凹，果实成熟后周裂，内含 2~4 粒种子。种子细小，近卵圆形，长 1 毫米，灰褐色。种皮革质，表面密布黄色的细颗粒状霜状物，背面钝圆，腹面具一钝脊，把腹面分成两个斜面，顶端圆形，基部近腹面稍斜截。种脐位于腹面基部的斜截处，线形，晕轮卵圆形，较小。种子胚黄色，螺旋状，具少量胚乳。（见图 29.2）

分布 西亚、南欧、北非、地中海沿岸等地，以及俄罗斯、阿富汗、巴基斯坦、伊朗、美国。

200

中文名：**南方菟丝子**

学　名：*Cuscuta australis*

　属：**菟丝子属 Cuscuta**

形态特征

　　种子卵形至扁球形；长 1.2~1.6 毫米，宽 1.1~1.2 毫米；红褐色至深褐色；表面粗糙，糙毡质；背部拱圆，腹部平或略凹；基部有 1 个平或略凹的面。种脐位于种子腹面的下方，圆形，直径为种子长的 1/2，色同种皮；脐区中央斜生 1 条弧形或波形白色脐线。胚根尖突出于种子基底或基部一侧，形成较小的鼻突。（见图 29.3）

图 29.3 南方菟丝子

分布　分布于中国各地；朝鲜、日本，以及东南亚、大洋洲也有分布。

图 29.4 日本菟丝子

分布　在中国，分布于东北地区；朝鲜、日本、俄罗斯、越南也有分布。

201

中文名：**日本菟丝子**

学　名：*Cuscuta japonica*

　属：**菟丝子属 Cuscuta**

形态特征

　　蒴果卵圆形，长 4~5.5 毫米，顶端被宿存花冠包围，基部周裂。种子椭圆形，略扁，平凸，长约 3 毫米，宽约 2 毫米；黄色至棕褐色；表面粗糙，毡质；背面圆钝；腹面中部较平或微凹；顶端圆；基部偏斜，一侧下延成鼻状。种脐位于种子基端鼻状突起内侧，多角形至矩圆形，红棕色；中间具贯通的褐色脐线。（见图 29.4）

202

中文名：**田野菟丝子**

学　名：*Cuscuta campestris*

　属：**菟丝子属 Cuscuta**

形态特征

种子阔椭圆形或椭圆状球形，近三面体，长约 1.4 毫米，宽约 1.1 毫米；黄褐色至黄棕色；表面粗糙，毡质，内藏颗粒状小突起；背面圆拱；腹面由中脊分成两个平面，一面下端为钝圆的胚根尖，另一面下部斜切。种脐位于种子斜切面上，圆形，平坦，与种皮同色；中央具 1 条斜向的白色短脐线。（见图 29.5）

图 29.5 田野菟丝子

0.20mm
倍率：X50.0

分布 在中国，分布于新疆、福建；南美洲、北美洲也有分布。

图 29.6 菟丝子

分布 在中国，大部分地区均有分布；亚洲其他的大部分国家（地区），以及大洋洲也有分布。

203

中文名：**菟丝子**

学　名：*Cuscuta chinensis*

　属：**菟丝子属 Cuscuta**

形态特征

蒴果球形，直径 2.5~4 毫米，整个果实为宿存花冠包围，成熟时周裂，内分 2 室，每室含 2 粒种子。种子近球形或卵球形，腹棱线明显，两侧稍凹陷。长 1.3~1.7 毫米，宽 1~1.1毫米。种皮黄色或黄褐色，具不均匀分布的白色糠秕状物，种皮坚硬，不易破碎。种脐圆形，脐线乳白色，略突出。胚针状，淡黄色，位于半透明的胚乳中。（见图 29.6）

204

中文名：**五角菟丝子**

学　名：*Cuscuta pentagona*

属：**菟丝子属 Cuscuta**

图 29.7 五角菟丝子

形态特征

　　蒴果球形或压扁的球形，突出于宿存的花冠，一般不开裂。种子卵球形；一面常圆形，另一面平坦；长 1.5~1.7 毫米，宽 1.1~1.2 毫米；有一钝脊；一端具明显的鼻状突起。种皮红褐色或棕褐色，表面有细密斑点。种脐近圆形，乳白色，位于平的一面，脐线短，白色。（见图 29.7）

分布 美国、加拿大、阿根廷、德国、法国、意大利、丹麦、斯洛文尼亚、克罗地亚、波斯尼亚和黑塞哥维那、塞尔维亚、黑山、北马其顿、俄罗斯、日本、澳大利亚、牙买加、波多黎各。中国无分布。

205

中文名：**亚麻菟丝子**

学　名：*Cuscuta epilinum*

属：**菟丝子属 Cuscuta**

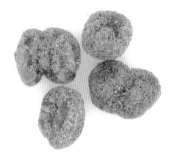

图 29.8 亚麻菟丝子

形态特征

　　蒴果扁球形，花萼和花冠同时宿存，成熟时开裂，内含种子 4 粒。种子常 2 粒连生成肾形，单粒为三角状卵球形，长 1~1.3 毫米，宽 1~1.1 毫米。种皮暗淡绿色或淡绿褐色，表面凹凸不平，粗糙，交织成网状；种皮质硬，胚针状，黄色，螺旋状弯曲，位于坚硬的半透明的胚乳中。种脐乳黄色，近圆形，位于种子顶端，脐区中央有 1 脐线，脐沟较宽。（见图 29.8）

分布 在中国，分布于黑龙江、新疆；欧洲，以及印度也有分布。

206

中文名：**裂叶牵牛**

学　名：*Ipomoea nil*

　属：**虎掌藤属 Ipomoea**

形态特征

　　蒴果近球形，果皮光滑无毛，成熟时 3 裂，内分 3 室，每室 2 粒种子。种子三棱状阔卵形，长 4.5~5.5 毫米，宽 3~3.5 毫米，具 3 棱，背面弓形，两侧面较平。中间有 1 条宽而浅的纵沟，两面之间隆起成纵脊状。种皮黑褐色，表面粗糙，无光泽，背短柔毛。种脐呈马蹄形，位于种子腹面纵脊的下端，呈稍凹陷，底部及其周围密生棕色的短茸毛。种皮革质，内含少量胚乳，胚折叠，子叶卷曲。（见图 29.9）

1mm

1mm

图 29.9 裂叶牵牛

分布　原产于美洲热带地区。现广布世界各地；中国各地有栽培或野生。

生境　田野杂草。

1mm

图 29.10 圆叶牵牛

1mm

207

中文名：**圆叶牵牛**

学　名：*Ipomoea purpurea*

　属：**虎掌藤属 Ipomoea**

分布　原产于美洲热带地区。现广泛分布于全球温带地区。

形态特征

　　果实为蒴果，球形，成熟时为宿存萼所包；3 室，每室含种子 2 粒。种子三棱状倒卵形，长 4~5 毫米，宽 3.5~4 毫米；黑褐色，乌暗无光泽；表面密布微小刻点；背面隆起，中央有 1 条宽而浅的纵凹沟；腹面具 1 突起的钝纵脊，把腹面分成两个斜侧面，侧面上通常具 1 条或 2 条粗横皱纹；腹面纵脊基端斜凹；横切面钝三角形，纵切面近半圆形。种脐位于种子腹面基部斜凹陷内，马蹄形；缺口宽大，朝向基部，明显凹入；脐缘毛较长，棕褐色。种子含少量胚乳；胚折叠；子叶极卷曲，黄白色。（见图 29.10）

1mm 1mm

1mm

208

中文名：**瘤梗甘薯**

学　名：*Ipomoea lacunosa*

　　属：**虎掌藤属 Ipomoea**

形态特征

　　果实为蒴果，球形，2 室，每室通常含种子 2 粒。种子长 4~5 毫米，宽 3.5~4 毫米，棕褐色，三棱状宽卵形，表面光滑，角质，有光泽，两端钝尖，背面微凹，腹面纵脊端处凹陷。种脐位于腹面端部凹陷处，大而明显，马蹄形，中间不内凹，具细颗粒，脐缘平滑无毛，缺口宽大并朝向种子的基部。种子横切面近扇形，纵切面长钝三角形。胚折叠，子叶极卷曲，淡黄色，种子有少量胚乳。（见图 29.11）

分布　在中国，分布于山东日照；美国也有分布。

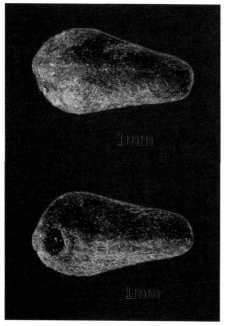

图 29.12 茑萝松

分布　原产于热带美洲。现广泛分布于全球温带地区。

209

中文名：**茑萝松**

学　名：*Quamoclit pennata*

　　属：**茑萝属 Quamoclit**

形态特征

　　蒴果阔卵形，果皮光滑，成熟时开裂，内含 4 粒种子。种子棒锤状，长 4.5~5.6 毫米，宽 2.5 毫米。顶部细圆柱状，基部宽大而钝圆。种皮黑褐色，乌暗，无光泽，表面覆盖着污垢物和棕色的细毛簇。种子背面有 1 条不明显的细纵沟；腹面钝圆。种脐马蹄形，位于种子腹面基部，凹陷，其底部及上缘密生棕褐色短柔毛，种皮革质，内含 1 折叠胚，子叶卷曲，其周围存有少量胚乳。（见图 29.12）

中文名：**圆叶茑萝**

学　名：*Quamoclit coccinea*

属：**茑萝属 Quamoclit**

形态特征

　　果实为蒴果，较小，圆球形，直径约 5 毫米，为宿存萼所包；4 室，每室含种子 1~4 粒。种子三棱状圆形，长、宽均为 3~3.5 毫米；暗褐色至黑褐色，乌暗无光泽；表面密被微毛；背面弓隆，中央有 1 条纵向浅凹沟，沟两侧近中部各有一纵脊隆起，隆脊钝圆；腹面中央纵脊突起，两侧面稍平坦；两端圆形；横切面斜四方形或多边形。种脐位于种子腹面纵脊的端部，马蹄形；缺口端狭窄，端部明显隆起；种脐底部及周缘密被褐色的短茸毛。种子有少量胚乳；胚折叠；子叶卷曲，黄褐色。（见图 29.13）

图 29.13 圆叶茑萝

分布 原产于热带美洲，后传入全球温带地区。中国各地均有栽培。

图 29.14 日本打碗花

分布 在中国，分布于东北、西北、华北、华东等地区；东非、亚洲南部，以及马来西亚等也有分布。

中文名：**日本打碗花**

学　名：*Calystegia pubescens*

属：**打碗花属 Calystegia**

形态特征

　　蒴果阔卵形，果皮光滑，成熟时开裂，内含 4 粒种子。种子三棱状阔卵形，长约 4 毫米，宽约 3 毫米，背面拱形，其中间凹陷成 1 条线沟，腹面中间突起成窄脊棱，把腹部分为两个斜面。种皮黑褐色或近黑色，表面粗糙，并密被小颗粒纹饰。种脐阔 "U" 形，稍凹陷，其底面红褐色，位于种子腹面纵脊棱的下端。种皮革质，内含 1 折叠胚，其周围有少量胚乳。（见图 29.14）

中文名：**田旋花**

学　名：*Convolvulus arvensis*

属：**旋花属** Convolvulus

   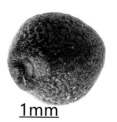

图 29.15 田旋花

形态特征

　　果实为蒴果，卵形；2 室，每室含种子 3 或 4 粒，有时 1 粒或 2 粒。种子三棱状长椭圆形或倒卵形，长 3.5~4.5 毫米，宽 2~3 毫米；暗褐色，乌暗无光泽；表面粗糙，具黄褐色的短条形波状突起；背面圆形隆起，腹面中央具纵脊，较钝，脊的两侧面平坦或微内凹；两端钝圆，腹面的纵脊端部凹入；横切面近扇形，纵切面近斜卵圆形。种脐位于种子腹面纵脊基端的凹陷内，呈广倒 "U" 形，缺口位于种子基部。种子含少量黄褐色胚乳，胚折叠；子叶卷曲。（见图 29.15）

分布　原产于欧洲。现已遍布全球温带和亚热带地区。在中国，分布于北方地区。

三十

紫草科
Boraginaceae

213

中文名：**道格拉斯琴颈草**

学　名：*Amsinckia douglasiana*

　　属：**琴颈草属 Amsinckia**

形态特征

　　小坚果长 2.5~3 毫米，宽 1.5~2.1 毫米，灰黄褐色至灰黑色；近三角状长卵形，上部渐窄延长成钝角状，略向内弯，基部钝圆；表面极粗糙，具琉璃质颗粒状突起和不规则略呈波状的横皱纹；背面圆形隆起，中央有 1 显著的纵脊弯曲状，腹面中央有 1 略弯的把腹面分成两个斜面的纵脊。果脐位于果实腹面基部，较大，宽卵圆形，灰白色。果实内含种子 1 粒，种皮薄膜质，黄褐色；胚直生，略向内弯，富含油质，种子无胚乳。（见图 30.1）

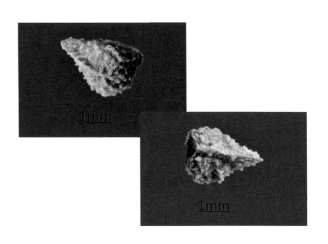

图 30.1 道格拉斯琴颈草

分布　澳大利亚有分布。中国尚无记载。

生境　田间杂草。

图 30.2 中间型琴颈草

分布　美国和澳大利亚有分布。中国尚无记载。

214

中文名：**中间型琴颈草**

学　名：*Amsinckia intermedia*

　　属：**琴颈草属 Amsinckia**

形态特征

　　小坚果长 2~2.5 毫米，宽 1.2~1.5 毫米，灰褐色，三角状长卵形，上部渐窄呈角状，向内弯，基部宽而钝圆，背面突圆，中央显著隆起呈纵棱脊状，自基部延伸达顶端，腹面内凹，中央有 1 稍成波浪状的纵隆脊，表面极粗糙，具外突不一的细颗粒状突起，形成不规则略波状的横皱纹。果脐位于腹面的纵隆脊相连的基部，披针形至长卵圆形。小坚果内含种子 1 粒，种皮膜质，胚弯生，多油质，种子无胚乳。（见图 30.2）

中文名：**麦家公**

学　名：***Lithospermum arvense***

属：**紫草属** Lithospermum

形态特征

　　果实含 4 个小坚果，小坚果近三棱状阔卵形，长 2~3 毫米，宽、厚 2~2.5 毫米，黄灰褐色，表面极粗糙，有大小不一的琉璃质瘤状突起和小凹穴，稍具光泽。背面圆形隆起，腹面突起，其中央有 1 纵脊状突起，上部狭长延伸成角状，内弯，顶端钝圆，基部宽，近圆形。果脐三角形或近三角形，位于基部底面，近腹面夹角处有 1 个灰白色小圆点突起。果皮骨质，坚硬，内含种子 1 粒。种子与果实同形，种皮膜质，透明状，内无胚乳，胚直生，胚体含油质。（见图 30.3）

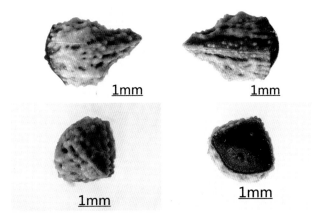

图 30.3 麦家公

分布 日本、中国，以及欧洲、北美洲等。

茄科

Solanaceae

216

中文名：**刺萼龙葵**

学　名：*Solanum rostratum*

属：**茄属 Solanum**

形态特征

　　浆果球形，径长约 1.2 厘米，基部被多刺的宿存花萼所包着，果皮肉质，内含多数种子。种子不甚规则，种子阔卵形或卵状肾形，两侧扁，长 2.5~3.0 毫米，宽 1.6~2.3 毫米，厚 0.8~1.3 毫米。种皮暗红褐色至黑褐色，乌暗而无光泽；表面凹凸不平及有颗粒状突起构成的细网纹，网纹宽平，网孔近六边形，密而深，凹成小凹穴。背侧缘与顶端有明显的脊棱，较厚，近腹部基部变薄，周缘凹凸不平。种脐呈圆孔状，位于种子的一侧基端，深凹入，胚近环状卷曲，埋在丰富的胚乳中。（见图 31.1）

图 31.1 刺萼龙葵

分布　原产于墨西哥及美国大平原。在中国，分布于东北、华北以及西北部分地区；加拿大、俄罗斯、韩国、南非、澳大利亚等也有分布。

217

中文名：**刺茄**

学　名：*Solanum torvum*

属：**茄属 Solanum**

形态特征

　　果实为浆果，球形，直径约 1.2 厘米。种子不甚规则，卵圆形，两侧扁，长 2.5~3 毫米，宽 1.6~2.3 毫米，厚 0.8~1.3 毫米，暗红褐色至黑褐色，乌暗无光泽，表面具快状隆起，密布黄褐色网状纹，网纹宽平，网孔近六边形，密而深，凹呈小凹穴。背侧缘和顶端有明显脊棱，近腹面的基部变薄，周缝凹凸不平。种脐位于种子腹面的基部，近圆形，深凹入，胚环状卷曲，有丰富胚乳。（见图 31.2）

图 31.2 刺茄

分布　原产于墨西哥和美国大平原。中国尚无记载。

145

218

中文名：**龙葵**

学　名：*Solanum nigrum*

　　属：**茄属 Solanum**

形态特征

　　果实为浆果，球形，紫黑色，内含多数种子。种子长 1.7~2.1 毫米，宽 1~1.3 毫米，厚 0.5 毫米；淡黄色至黄褐色无光泽；阔倒卵形，两侧扁，表面有稍隆起的白色细网纹及小凹穴，顶端斜圆或钝圆，基部渐窄，钝尖而内弯，稍呈喙状。种脐呈线状裂缝，其上面覆盖着白色的残存珠柄，位于种子腹面基部。种皮薄，内含丰富的胚乳，胚环生其中。（见图 31.3）

图 31.3 龙葵

分布　广泛分布于欧、亚、美洲的温带至热带地区；中国大部分地区均有分布。

219

中文名：**北美刺龙葵**

学　名：*Solanum carolinense*

　　属：**茄属 Solanum**

图 31.4 北美刺龙葵

分布　原产于墨西哥湾沿岸地区。现主要分布在美国、加拿大、巴西、克罗地亚、挪威、格鲁吉亚、孟加拉国、日本、印度；2012 年，中国山东首次发现。

形态特征

　　种子扁平肾形、卵形、宽卵形、宽椭圆形或近圆形，长约 2.5 毫米，宽约 1.5 毫米，厚约 0.5 毫米，两面凸起，黄褐色或红棕色，具光泽，表面具细小凹陷，胚乳丰富。（见图 31.4）

220

中文名：**曼陀罗**

学　名：*Datura stramonium*

属：**曼陀罗属 Datura**

1mm　　1mm

1mm

形态特征

　　果实为蒴果，卵圆形，长 3~4 厘米，宽 2.5~4.5 厘米，暗褐色至灰褐色，果皮粗糙，无光泽，表面密生坚硬而不等长的针刺，不等长，成熟时自顶端开裂呈四裂瓣，内含种子多数。种子长 3~4 毫米，宽 2.3~3.6 毫米，厚约 1.5 毫米，灰褐色至黑色，乌暗无光泽；两侧扁，背面厚，呈拱形，腹面自上而下渐薄，并稍内凹。种皮灰褐色至黑褐色，表面具粗网纹和密布较浅的小凹穴，种脐三角形，内凹，表面常覆盖着残存的白色珠柄，种皮革质，内含丰富的白色胚乳，胚环生其中。（见图 31.5）

图 31.5 曼陀罗

分布 原产于黑海区域。广布于世界各大洲；中国各地均有分布。

0.40mm
倍率：X50.0

图 31.6 毛曼陀罗

分布 广布于欧亚大陆，以及美洲。

221

中文名：**毛曼陀罗**

学　名：*Datura inoxia*

属：**曼陀罗属 Datura**

形态特征

　　种子三角状肾形或椭圆状阔卵形，两侧扁，背面较厚，顶端弓形，沿边缘有 3 条波状脊棱，腹面自上至基部渐窄，两侧平直。种皮革质，浅黄褐色，表面稍皱，无粗网纹，背部两侧边缘波状钩槽明显较深。种脐呈裂口状，位于种子腹面。内含丰富白色胚乳，胚环生其中。（见图 31.6）

222

中文名：**无刺曼陀罗**

学　名：*Datura inermis*

　属：**曼陀罗属 Datura**

形态特征

　　果实为蒴果，卵圆状球形，直径约 2 厘米，淡褐色，表面较粗糙，成熟时自顶端向下四瓣开裂，内含种子多粒。种子近圆形，长方形或肾形，长 3~3.8 毫米，宽 2.5~3 毫米，厚约 1.5 毫米，两侧扁，背面较厚，顶端拱圆，腹面自上而下渐薄。种皮革质，黑色或近黑色，无光泽，表面粗网纹不甚明显，密布小凹穴亦较浅。种脐三角形，位于种子腹面，呈凹口状，其表面常覆盖着残存的白色珠柄。内含丰富的白色胚乳，胚环生其中。（见图 31.7）

图 31.7 无刺曼陀罗

分布 原产于美洲。中国各地均有栽培或野生。

0.40mm
倍率 X50.0

图 31.8 洋金花

分布 原产于印度。现分布于热带及亚热带地区，温带地区普遍栽培。

223

中文名：**洋金花（白曼陀罗）**

学　名：*Datura metel*

　属：**曼陀罗属 Datura**

形态特征

　　果实为蒴果，扁圆形，直径约 3 厘米，表面疏生针状刺，淡褐色，成熟时自顶端向下四瓣开裂，内含种子多数。种子三角状肾形或椭圆状阔卵形，长 4~5 毫米，宽 3~4 毫米，两侧扁，背面较厚，顶端弓形，沿边缘有 3 条波状脊棱，腹面自上至基部渐窄，两侧平直。种皮浅黄褐色，表面稍皱，无粗网纹，两侧凹陷部分近平坦，其他部分密布小凹穴。种脐位于种子腹面较尖的一端，裂口状，其上覆盖以残存的白色珠柄，外突。种子横切面细长条形，胚白色，环状弯曲，胚乳丰富，淡黄色。（见图 31.8）

中文名：**苦蘵**

学　名：*Physalis angulata*

属：**灯笼果属 Physalis**

形态特征

　　果实为浆果，球形，外包黄绿色宿存花萼，内含种子多数。种子近扁阔卵形或肾形，两侧扁平，长 1.4~2 毫米，宽 1~1.5 毫米，厚 0.5 毫米，背部拱圆，腹部近平直。种皮革质，橘红色，表面有显著的细网纹，网脊较宽平，网孔凹陷，网眼密而深，被黄褐色糠状物，易擦掉。种脐线形，裂口状，位于种子腹部的一侧。内含丰富的白色胚乳，近白色，胚环生其中。（见图 31.9）

图 31.9 苦蘵

分布 在中国，分布于长江以南各地；日本、印度、澳大利亚，以及美洲也有分布。

图 31.10 酸浆

分布 原产于欧洲。在中国，广泛分布；亚洲其他国家（地区），以及欧洲、美洲等也有分布。

中文名：**酸浆**

学　名：*Alkekengi officinarum*

属：**酸浆属 Alkekengi**

形态特征

　　果实为浆果，红色，外包以血红色的鲜艳萼，浆果内含多数种子。种子圆肾形，鲜黄色，长约 2 毫米，宽约 1.6 毫米，厚约 0.8 毫米；背面拱凸，腹面稍内凹。种皮革质，淡黄色，表面密布波状凸纹，网眼较浅。种脐呈楔形裂缝，位于种子腹面一侧的凹陷内。内含丰富的油质胚乳，胚环生其中。（见图 31.10）

中文名：**辣椒**

学　名：*Capsicum annuum*

　　属：**辣椒属 Capsicum**

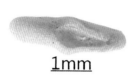
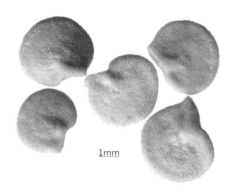

图 31.11 辣椒

形态特征

　　种子主要着生在胎座上，少数种子着生在心室隔膜上。种子扁肾形，似茄子种子，稍大，扁平，微皱，略具光泽，色泽淡黄色或金黄色；表面粗糙，背面圆拱形，腹面凹陷，腹面一端成鸟喙状。种脐位于腹面凹陷内，与种皮同色，裂口状，两侧凸起。种皮较厚实。(见图 31.11)

分布　原产于墨西哥到哥伦比亚地区。现世界各国（地区）普遍栽培。

三十二

芝麻科
Pedaliaceae

中文名：**芝麻**

学　名：*Sesamum indicum*

　属：**芝麻属 Sesamum**

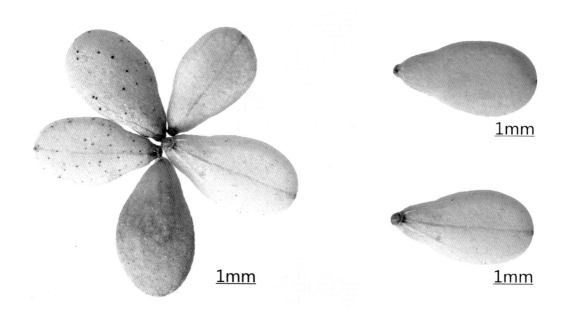

图 32.1 芝麻

形态特征

　　蒴果矩圆形，长 2~3 厘米，直径 6~12 毫米，有纵棱，直立，被毛，分裂至中部或至基部。内含种子多数，扁楔形，表面黑色或黄白色，背面平缓，腹面中脊稍隆起，顶端平截，向腹部呈三角形倾斜，基部腹面两侧向中脊收缩成半圆形凹陷。果脐位于中脊末端，圆形，棕褐色，凸起。（见图 32.1）

分布　原产于印度。在中国，大部分地区均有栽培；广布于日本、朝鲜、加拿大，以及欧洲等。

三十三

唇形科
Labiatae

228

中文名：**紫苏**

学　名：*Perilla frutescens*

　　属：**紫苏属 Perilla**

图 33.1 紫苏

形态特征

　　小坚果圆形或阔倒卵形，半球状三面体，近双凸形；紫黑色具灰褐色斑；长 1.8 毫米，宽 1.5 毫米，表面具大网纹；背面圆形弓曲，腹面较平，中部稍隆起，果顶圆。果脐位于腹面基部，较大，矩圆形或阔椭圆形，灰白色，具较细边棱，上部边棱膜状，脐下部具 1 小突起。（见图 33.1）

分布　在中国，各地广泛栽培；不丹、印度、印度尼西亚、日本、朝鲜，以及中南半岛等。

倍率：X50.0

0.20mm

图 33.2 宝盖草

分布　在中国，分布在东北地区，以及江苏、浙江、四川、江西、云南、西藏等；欧洲，以及亚洲其他国家（地区）也有分布。

229

中文名：**宝盖草**

学　名：*Lamium amplexicaule*

　　属：**野芝麻属 Lamium**

形态特征

　　果实为小坚果，长 1.5~2 毫米，宽 1 毫米，厚不及 1 毫米，卵状三棱形；灰褐色；表面散生不规则的白色蜡质小瘤状突起，背面钝圆，腹面中央横凸成纵脊，直伸果实基部，把腹面分成两个斜面，边缘较薄，与背面相连的周缘具锐脊，果实顶端钝圆，向腹面倾斜，基部渐窄钝尖。果脐位于果实腹面的基部，卵圆形，具有白色附属物。果实内含种子 1 粒，横切面呈宽扇形，胚直生，淡黄褐色，种子无胚乳。（见图 33.2）

230

中文名：**黄鼬瓣花**

学　名：*Galeopsis tetrahit*

　　属：**鼬瓣花属 Galeopsis**

图 33.3 黄鼬瓣花

形态特征

　　小坚果倒卵形，长3.1~3.5毫米，宽2.3~2.5毫米，褐色或黑褐色，稍有光泽，表面密布黄褐色的蜡斑；背面平圆，腹面稍凸，近基部具1条明显的纵脊；顶端宽圆形，下部渐窄而钝尖。果脐位于腹面的基部，暗灰色，椭圆形，大而明显，中央凹陷，上有黄白色的附属物。果实内含种子1粒，横切面为近椭圆形，胚大而直生，黄褐色；种子有胚乳，暗褐色。（见图33.3）

分布　原产于欧洲和亚洲西北部。北美洲也有分布。

231

中文名：**铁莠草**

学　名：*Galeopsis speciosa*

　　属：**鼬瓣花属 Galeopsis**

形态特征

　　小坚果三棱状倒阔卵形，扁，长2.5~3.4毫米，宽2~2.5毫米，黑褐色；背面拱形，腹面隆起，呈钝脊状，把腹部分为两个斜面；表面密布不规则的灰黄色花斑，呈糠秕状，背腹面相接的边缘成边棱。果脐大，呈圆形，微凹，棕褐色，位于果实腹面脊棱的基端。果皮革质，内含1粒种子。种子与果实同形；种皮膜质；种脐明显，略呈圆形，黑褐色，位于种子腹面近下端处，微凹陷，平而浅；内含少量胚乳，胚体大，直生。（见图33.4）

倍率：X50.0
0.20mm

图 33.4 铁莠草

分布　原产于欧洲。加拿大有分布，中国尚无分布。

232

中文名：**藿香**

学　名：*Agastache rugosa*

　　属：**藿香属 Agastache**

图 33.5 藿香

形态特征

　　小坚果矩圆形，三棱状，暗褐色，黑褐色，有时黄褐色，长 1.6 毫米，宽 0.9 毫米；表面粗糙，背面拱凸，具 3~6 条细纵棱，腹面被中央的锐纵脊分成 2 个斜面，顶端平钝，密布灰白色长茸毛。种脐位于腹部纵脊下方，不规则三角形，中央具 1 白色球体。（见图 33.5）

分布　在中国，分布于各地；朝鲜、日本、俄罗斯，以及北美洲各地也有分布。

图 33.6 益母草

分布　中国、俄罗斯、朝鲜、日本，以及亚洲其他热带国家（地区）、非洲、美洲等。

233

中文名：**益母草**

学　名：*Leonurus japonicus*

　　属：**益母草属 Leonurus**

形态特征

　　果实为小坚果，长 2~2.4 毫米，宽 1.2~1.6 毫米，呈三棱状阔椭圆形，顶端截平，呈三角形，边缘向上延伸成棱并稍向外反卷；背面拱形，腹面有 1 条锐纵棱，把腹部分成两个斜面，斜面较平，边缘锐。果皮褐色至黑褐色，表面粗糙，并被灰白色蜡质斑所覆盖，无光泽。果脐近三角形，脐底粗糙，与果皮同色，位于果实基端。果内含 1 粒种子，种皮薄，无胚乳，胚体白色，直生。（见图 33.6）

234

中文名：**细叶益母草**

学　名：*Leonurus sibiricus*

　属：**益母草属 Leonurus**

倍率：X50.0

0.20mm

图 33.7 细叶益母草

形态特征

　　小坚果圆状楔形，三面体状，黑色或黑褐色，长 2.5 毫米，宽 1.8 毫米；表面粗糙，被黄灰色不规则的蜡质斑块覆盖；背部圆钝，腹部具较锐中脊，分为 2 个稍凹陷的斜面，边缘薄而锐，顶端平截三角形，向腹部倾斜大，边缘具锐棱，背棱稍外卷，基部渐窄。果脐位于基底腹面，三角形，凹陷。（见图 33.7）

分布　在中国，分布于东北、华北等地区；蒙古国、俄罗斯也有分布。

235

中文名：**錾菜（假大花益母草）**

学　名：*Leonurus pseudomacranthus*

　属：**益母草属 Leonurus**

1mm

1mm

1mm

图 33.8 錾菜

形态特征

　　小坚果矩圆状倒卵形，略扁，三面体状，棕黑色至黑色，长 3 毫米，宽 1.5 毫米；表面颗粒状粗糙；背面微拱近平，腹面被隆起的较锐中脊分成 2 个平或稍凹的斜面，顶端近平截，平截面三角形，略向腹面倾斜，周缘具较厚的窄翅状锐棱。果脐位于腹面中脊下方，菱形，略凹，常有柔毛，色同果皮。（见图 33.8）

分布　在中国，分布于辽宁、山东、河北、河南、山西、安徽、江苏（南至南京、宜兴），以及陕西南部、甘肃南部等地。

236

中文名：**假龙头花**

学　名：*Physostegia virginiana*

　属：**假龙头花属 Physostegia**

图 33.9 假龙头花

形态特征

　　小坚果倒卵状阔楔形，扁三面体；棕褐色，长约 3 毫米，宽约 2.5 毫米；背面较平，腹部中脊隆起，形成两侧面，中脊上具细棱。果脐位于基端，偏向腹侧，深陷，中心白色至黄色，边棱高耸，较种皮色稍深。（见图 33.9）

分布　原产于北美（墨西哥北部至加拿大东部）。在中国，分布于东北等地区；日本、朝鲜，以及俄罗斯远东地区也有分布。

倍率：X50.0
0.20mm

图 33.10 荆芥

分布　在中国，分布于新疆、甘肃、陕西、山西、河南、山东、湖北、贵州、四川、云南等；自中南欧经阿富汗、印度向东一直分布到日本。

237

中文名：**荆芥**

学　名：*Nepeta cataria*

　属：**荆芥属 Nepeta**

形态特征

　　小坚果椭圆形，长 1.3~1.7 毫米，宽 1 毫米，厚约 0.7 毫米；表面棕褐色；稍粗糙，有蜡质斑点，背面拱凸而圆钝，可见有 3 或 4 条纵向褐色条纹，腹面中央纵脊圆钝。果脐着生纵脊下方，脐中央压缩而分离成 2 个椭圆体，横卧，微下陷，白色。（见图 33.10）

238

中文名：**山菠菜**

学　名：*Prunella asiatica*

　属：**夏枯草属 Prunella**

图 33.11 山菠菜

形态特征

　　小坚果阔椭圆形，褐色或棕褐色，长 1.5 毫米，宽 1.1 毫米；表面细颗粒状，有光泽；背面较平或微凸，中央具 1 较宽的双线浅沟，上端与边缘具有同样浅沟相通，腹部中央具隆起的双线宽脊，把腹面分为两个斜面，顶端圆，基部较尖。果脐着生在腹面纵脊尾端，覆以白色"V"形附属物，背面观为白色小突尖。（见图 33.11）

分布　在中国，分布于东北、华北（北部）、西北地区；日本、朝鲜、俄罗斯等也有分布。

239

中文名：**欧洲夏枯草**

学　名：*Prunella vulgaris*

　属：**夏枯草属 Prunella**

图 33.12 欧洲夏枯草

分布　原产于欧洲和北美洲；在中国，各地均有分布；亚洲其他国家（地区）、非洲北部，以及北美洲、拉丁美洲、大洋洲等也有分布。

形态特征

　　果实为小坚果，长约 2 毫米，宽 1 毫米，厚约 1 毫米，倒卵形至椭圆形，稍呈三棱；黄褐色；表面平滑，有明显的油脂光泽；背面较宽圆，中央具有两条红褐色纵细线纹，腹面中突成脊，钝圆，脊的 2 边上具有红褐色纵细条纹各 1 条，果实顶端钝圆，基部较尖。果脐位于果实基部，脐上有 1 外突的白色附属物。果实内含种子 1 粒，横切面近椭圆形，胚直生，淡黄褐色，种子无胚乳。（见图 33.12）

240

中文名：**林荫鼠尾草**

学　名：*Salvia nemorosa*

　　属：**鼠尾草属 Salvia**

1mm　　1mm　　1mm

1mm

图 33.13 林荫鼠尾草

形态特征

　　小坚果卵状椭圆形，长约 1.7 毫米，宽约 1 毫米；暗栗褐色；表面有细颗粒，无光泽；背面微凸，有数条微隆起的黑褐色棱纹，腹面中部稍隆起，分为 2 个钝圆的斜面，有黑褐色的脉纹。果脐着生在腹面基部，近菱形，凹陷，基端外侧边缘附体白色呈 "V" 形。（见图 33.13）

分布　在中国，山东威海有引种；分布于欧洲南部至高加索、中亚地区。

倍率：X150.0
0.20mm

倍率：X100.0
0.20mm

图 33.14 雪见草

241

中文名：**雪见草**

学　名：*Salvia plebeia*

　　属：**鼠尾草属 Salvia**

形态特征

　　小坚果倒卵形，略扁三面体；褐色；长 0.8 毫米，宽 0.6 毫米，表面粗糙，满布小颗粒；背面稍隆起，腹面中间隆起较大，形成两侧面，顶端圆，基部渐窄，基端平截。果脐着生在平截面上，三角状圆形，白色或黄褐色。（见图 33.14）

分布　在中国，分布于大部分地区；亚洲其他国家（地区），以及大洋洲也有分布。

242

中文名：**荠欧鼠尾草**

学　名：***Salvia hispanica***

属：**鼠尾草属 Salvia**

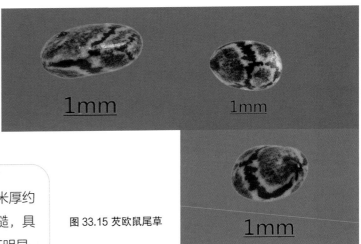

图 33.15 荠欧鼠尾草

形态特征

　　果实为小坚果，长 2 毫米，宽 1 毫米厚约 1 毫米；灰褐相间；长椭圆形；表面粗糙，具细颗粒突起；背部钝圆，腹面稍凸，纵脊不明显，两端渐窄呈钝尖。果脐位于腹面的端部，大而明显，圆形，褐色，脐缘具厚衣领环，中央凹陷。果实内含种子 1 粒，横切面椭圆形，胚直生大而明显，黄褐色。（见图 33.15）

分布 原产于墨西哥南部和危地马拉。现分布于大洋洲、南美洲。

图 33.16 山香

分布 原产于热带美洲。现广布于全热带地区；在中国，分布于广西、广东、福建、台湾等。

243

中文名：**山香**

学　名：***Hyptis suaveolens***

属：**吊球草属 Hyptis**

形态特征

　　小坚果常 2 枚成熟，长圆形，扁平，腹面具棱，长约 4 毫米，宽约 3 毫米；暗褐色；具细点，基部具 2 着生点，表面粗糙；背面拱凸，具 3~6 条细纵棱，腹面被中央的锐纵脊分成 2 个斜面，顶端较平钝。种脐位于腹部纵脊下方，不规则三角形。（见图 33.16）

244

中文名：**石荠苎**

学　名：*Mosla scabra*

属：**石荠苎属 Mosla**

形态特征

　　小坚果近球形，长1.2~1.3毫米，宽1.1~1.2毫米；褐色或茶褐色；表面具粗网纹并覆有白色蜡质粉状物；背面中凸而圆钝，腹面基部压扁，为果脐着生部位。果脐大椭圆形，向腹面倾斜，深褐色，脐上有 1 弯月形锐棱，黄褐色中央有 1 白色圆突起。种子淡黄色，极光滑，有光泽。（见图 33.17）

倍率：X50.0

0.20mm

图 33.17 石荠苎

分布　中国、日本、朝鲜。

245

中文名：**夏至草**

学　名：*Lagopsis supina*

属：**夏至草属 Lagopsis**

形态特征

　　果实为坚果，包藏于宿存花萼内。果体长倒阔卵形，长 1.2~1.8 毫米，宽 0.9~1 毫米，厚 0.5~0.6 毫米；顶端截平，近三角形，向腹面倾斜，背面拱形，腹面中间有 1 条锐纵脊，把腹部分为 2 个斜面；果皮茶褐色至黑褐色，表面密布着散乱的额泡状褐色的蜡质小斑点，背腹两面相接的边缘呈明显的边棱。果脐菱形或近圆形，微凹，位于果实腹面纵脊的基端。果内含 1 粒种子，种皮膜质，胚直生，无胚乳。（见图 33.18）

1mm

1mm

1mm

1mm

图 33.18 夏至草

分布　在中国，广泛分布于各地；蒙古国、朝鲜、俄罗斯（西伯利亚）也有分布。

中文名：**薰衣草**

学　名：*Lavandula pedunculata*

属：**薰衣草属** Lavandula

图 33.19 薰衣草

形态特征

　　苞片菱状卵圆形，先端渐尖成钻状，具5~7脉，干时常带锈色，被星状绒毛，小苞片不明显；小坚果4个，长椭圆形，光滑，有光泽，具有1基部着生面。种脐位于基部。（见图33.19）

分布　原产于法国、意大利和西班牙，以及北非等地。现中国有引种。

三十四

车前科

Plantaginaceae

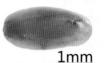

247

中文名：**长叶车前**

学　名：*Plantago lanceolata*

属：**车前属 Plantago**

形态特征

　　果实为蒴果，长椭圆形，长3~4毫米，近基部周裂，内含种子2粒。种子长1.7~2.7毫米，宽0.9~1.2毫米，厚1毫米；褐色至黑褐色；表面光滑，有明显的光泽，长椭圆形，两端钝圆，背面隆起，中央有1黄褐色纵带，腹面平而向内陷成1宽沟，舟状，舟缘宽而厚，钝圆。种脐位于腹面沟的中央，褐色至暗褐色。种子横切面呈凹形，胚直生，黄白色，位于黄褐色的胚乳中央。（见图34.1）

图 34.1 长叶车前

分布　原产于欧洲。现已广布于世界各地。

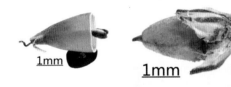

图 34.2 车前

分布　中国、朝鲜、俄罗斯（远东地区）、日本、尼泊尔、马来西亚、印度尼西亚。

248

中文名：**车前**

学　名：*Plantago asiatica*

属：**车前属 Plantago**

形态特征

　　果实为蒴果，卵形至纺锤形，长约3毫米，外有宿存萼，上部呈钟状，果皮光滑，成熟时盖裂，内含种子4~8粒。种子细小，形状多样，有扁状、近菱状、短圆形至椭圆形等；长1.5~2.7毫米，宽0.7~1.2毫米，厚不及0.5毫米；种皮淡黑褐色至黑褐色，表面具不规则的波状条纹突起，有明显油脂状光泽；背面较平坦，腹面略突起，呈盾状，周边较薄，有棱角。种脐位于腹面中部突起处，椭圆形，暗褐色，上附有黄白色至白色覆盖物。种子含有丰富的胚乳，胚直生其中。（见图34.2）

249

中文名：**大车前**

学　名：*Plantago major*

　　属：**车前属 Plantago**

形态特征

　　果实为蒴果，椭圆形，长 2~4 毫米，近中部周裂，内含种子多数。种子细小，盾状，周边较薄；长 1~1.5 毫米，宽 0.6~0.8 毫米，厚 0.5 毫米；赤褐色；形状很不规则，有五角星形、菱形、斜形或近椭圆形；表面有不规则的近黄色网状细条纹，纹间粗糙，点状突起；乌暗，略有光泽；背面较平坦，腹面略突出。种脐位于腹面突起的位置，脐周围呈不规则放射状排列的条纹。胚直生近白色，埋藏于丰富黄白色的胚乳中央。（见图 34.3）

图 34.3 大车前

分布 中国。

图 34.4 黑子车前

分布 原产于北美洲东部。中国尚未有分布。

250

中文名：**黑子车前**

学　名：*Plantago rugelii*

　　属：**车前属 Plantago**

形态特征

　　种子不规则，长 2~2.5 毫米，宽 0.8~1.1 毫米；暗褐色至黑褐色；有倒卵形、棱形、棱状椭圆形，大多数为具棱角的椭圆形；表明粗糙，具短条状瘤状突起；背面稍拱凸，腹面中央突起，有时具不明显的纵脊。种脐位于腹面的中央突起处，卵圆形，上面具土黄色的附属物；周围具不规则的放射状条纹。种子胚近黄色直立，位于灰黄色的胚乳之中。（见图 34.4）

中文名：**平车前**

学　名：*Plantago depressa*

　属：**车前属 Plantago**

形态特征

　　种子多为矩圆形，稀为不规则多面体；黑色；长 1~1.5 毫米，宽 0.7 毫米；背腹压扁，背面较凸，腹面较平或略凹；表面颗粒质，微皱。种脐位于腹部中央，矩圆形，覆有白色残余物。（见图 34.5）

倍率：X50.0
0.20mm

图 34.5 平车前

分布　在中国，分布于各地；朝鲜、蒙古国、俄罗斯等也有分布。

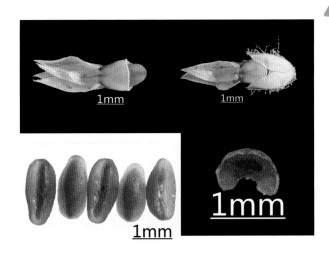

图 34.6 北美车前

分布　原产于北美洲。现在世界温带地区广泛分布。

252

中文名：**北美车前**

学　名：*Plantago virginica*

　属：**车前属 Plantago**

形态特征

　　蒴果椭圆形，长约 2 毫米，中部周裂，内有种子 2 粒。种子卵形或长卵形；长 1.8~2 毫米；黄褐色至棕色；表面有细密的网纹，有光泽，腹面凹陷呈船形，子叶背腹向排列。（见图 34.6）

菊科

Asteraceae

253

中文名：**艾蒿**

学　名：*Artemisia vulgaris*

属：**蒿属 Artemisia**

倍率：X100.0
0.20mm

倍率：X50.0
0.20mm

形态特征

　　瘦果长纺锤形圆柱状，直或稍弯曲；长1.3~1.7毫米，宽0.3~0.5毫米；表面灰褐色或暗褐色；有细纵棱3或4条，白色，其间有密的细纵沟，无毛；顶端圆形，衣领状环窄，浅黄色，中央花柱残留物短。果脐小，凹陷成圆筒状，偏斜，浅黄色。（见图35.1）

图 35.1 艾蒿

分布　在中国，分布于陕西（秦岭）、甘肃（西部）、青海、新疆、四川（西部）等地；蒙古国、俄罗斯、加拿大、美国（东部），以及欧洲除冰岛及大西洋与地中海中的岛屿外的国家（地区）也有分布。

254

中文名：**青蒿**

学　名：*Artemisia caruifolia*

属：**蒿属 Artemisia**

倍率：X150.0
0.20mm

图 35.2 青蒿

分布　中国、朝鲜、日本、越南（北部）、缅甸、印度（北部）及尼泊尔等。

形态特征

　　瘦果长圆形至椭圆形，长约1毫米，表而矿褐色若暗褐色，无毛，有纵棱，其间有细密纵纹，顶端圆形，衣领状环窄，浅黄色，中央花柱残留物短，果脐小，凹陷成圆筒状，偏斜。（见图35.2）

255

中文名：**臭甘菊**

学　名：*Anthemis cotula*

属：**春黄菊属 Anthemis**

图 35.3 臭甘菊

形态特征

　　果实为瘦果，圆柱状长卵形，上部较粗，下部较细，长 1.2~1.9 毫米，中部直径 0.5~0.8 毫米；淡黄褐色、褐色至深褐色或棕褐色，乌暗无光泽；表面具 8~10 条纵脊棱，棱上具瘤状突起，棱间凹陷，稍平坦；顶端钝圆，中央具花柱残痕，略突出，暗褐色；基部斜截；果内含种子 1 粒。果脐位于果实腹面的中央，黄白色，常明显膨大而突出。种子横切面近圆形，纵切面长卵形。种子无胚乳；胚直生，黄褐色，富含油脂。（见图 35.3）

分布　原产于欧洲。现广泛分布于全球；中国尚无记载。

生境　农田和荒地的野生杂草。

图 35.4 牛蒡

256

中文名：**牛蒡**

学　名：*Arctium lappa*

属：**牛蒡属 Arctium**

分布　在中国，各地均有分布；日本，以及欧洲等地也有分布。现中国、日本、美国等广为栽培。

形态特征

　　果实为瘦果，长倒卵形，长 5~7 毫米，宽 2~2.5 毫米，两侧扁，劲直或略弯曲；灰褐色或淡黄褐色，散生不规则的紫黑色至黑色斑点或近波状横纹；两侧面具明显突起的纵脊棱 1~3 条，棱间具细纵棱数条及不规则的斜向突起；上部具较明显的波状横皱褶，顶端边缘略隆起，具深褐色的衣领状环，无冠毛；果体上宽下窄，上部稍收缩，中央具略突起的花柱残痕，基部渐窄，斜截；果内含种子 1 粒。果脐位于果实基部，淡灰白色，近四边形。种子横切面呈斜卵圆形。种子无胚乳；胚大而直生，黄褐色。（见图 35.4）

257

中文名：**三裂叶豚草**

学　名：*Ambrosia trifida*

　　属：**豚草属 Ambrosia**

图 35.5 三裂叶豚草

形态特征

　　瘦果包在木质总苞内。总苞倒卵状楔形，长 6~10 毫米，宽 4~7 毫米；黄褐色至灰黑褐色；表面粗糙；顶端具较粗的圆锥形喙，喙稍下的周围具 5 或 6 个粗壮的尖头突起，每突起下延成脊，脊间有横棱或横皱；基部收缩，基底截平或斜截；总苞内含 1 个倒卵形瘦果。瘦果内有 1 粒具膜质种皮的种子；果皮灰黑色，蛋壳质。（见图 35.5）

分布　在中国，分布于东北、华北、华东等地区及华中部分地区。

258

中文名：**豚草**

学　名：*Ambrosia artemisiifolia*

　　属：**豚草属 Ambrosia**

图 35.6 豚草

形态特征

　　木质化囊状总苞倒卵形，长 3~4 毫米，宽 1.8~2.5 毫米；黄褐色；表面具疏网状纹，网眼内粗糙，有时具丝状白毛，尤其在顶端较密；顶端中央具 1 粗而长的锥状喙，其周围一般有 5~7 个短突尖，顺着突尖下延成为明显的纵肋；总苞内含 1 个瘦果。瘦果与总苞同形，果内含种子 1 粒；果皮褐色或棕褐色，表面光滑。种皮膜质。种子无胚乳；胚直生。（见图 35.6）

分布　原产于北美洲。现已广布于亚洲、非洲、欧洲、美洲、大洋洲的大部分国家（地区）。在中国，1935 年发现于杭州，现分布于东北、华北、华中和华东等地区。

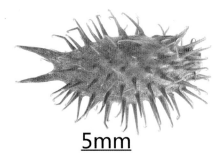

259

中文名：**北美苍耳**

学　名：*Xanthium strumarium var. glabratum*

　　属：**苍耳属** Xanthium

5mm

5mm

图 35.7 北美苍耳

形态特征

　　瘦果包于总苞内，总苞长椭圆形，近无毛或近无毛，长约 20 毫米，宽约 15 毫米，刺直立，粗壮钩状刺，刺无毛或近无毛，刺钩约 270°，刺长 1~2 毫米；喙 2 个，内弯，基部具收缩，喙长约 4 毫米。总苞内有 2 室，每室有瘦果 1 个。瘦果黑褐色，棱状长椭圆形，较扁；表面平滑，有细纵纹；背面圆凸，腹面平而稍凹；果内含种子 1 粒。种子淡灰黄色，约与果实同形；表面有细纵纹，略有光泽；横切面半圆形。种子无胚乳；胚达而直生。（见图 35.7）

分布 原产于北美洲。现已传入中国。

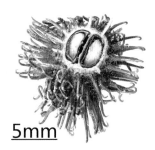

5mm

5mm

图 35.8 宾州苍耳

分布 亚欧大陆，以及北美洲、拉丁美洲等。

260

中文名：**宾州苍耳**

学　名：*Xanthium pensylvanicum*

　　属：**苍耳属** Xanthium

形态特征

　　瘦果包于总苞内。总苞卵状椭圆形，基部较粗，长 2~5 毫米，宽 1~5 毫米；绿褐色至黑褐色；表面具短柔毛和直刺，刺体密布粗硬毛，刺尖具倒钩，弯回部分与刺体近平行；顶端具 2 枚斜向生长的粗硬刺，刺体密被毛，刺尖内弯成钩；基部具短总苞梗，掩盖在总苞刺内；总苞不裂，内藏阔卵形瘦果 2 个。（见图 35.8）

261

5mm

中文名：**苍耳**

学　名：***Xanthium strumarium***

属：**苍耳属 Xanthium**

图 35.9 苍耳

形态特征

　　果实为瘦果，为囊状总苞所包。总苞木质，不开裂，圆柱状长椭圆形，长 10~15 毫米，直径 5~6.5 毫米；黄褐色至灰褐色或棕褐色；表面疏生基部直、末端具钩状的刺和白色细柔毛，刺长约 2 毫米，排列常疏密不匀；先端具 2 枚明显粗硬劲直或刺顶端略内弯的喙，两喙不等长或 1 枚退化；总苞内有 2 室，每室有瘦果 1 个或有了瘦果已退化。瘦果黑褐色，棱状长椭圆形，较扁；表面平滑，有细纵纹；背面圆凸，腹面平而稍凹；果内含种子 1 粒。种子淡灰黄色，约与果实同形；表面有细纵纹，略有光泽；横切面半圆形，无胚乳；胚大而直生。（见图 35.9）

分布 中国、俄罗斯、伊朗、印度、朝鲜和日本。

262

图 35.10 刺苍耳

中文名：**刺苍耳**

学　名：***Xanthium spinosum***

属：**苍耳属 Xanthium**

形态特征

　　囊状总苞椭圆形，木质化，不开裂，长 10~12 毫米，径长 5~6 毫米；顶端无喙或两喙极细弱，不显著或仅 1 短喙，长仅 1 毫米，顶端无弯钩，与苞刺等粗，等长或较短；苞壳黄褐色或灰褐色，表面疏生细钩状刺和短柔毛，钩刺间有纵棱，有时不显著；总苞内分 2 室，每室 1 枚瘦果。瘦果细长，两端尖；果皮灰黑色；果内含 1 粒种子，无胚乳，胚直生。（见图 35.10）

分布 北美洲、拉丁美洲，以及非洲南部、欧洲南部和中部。

263

中文名：**西方苍耳**

学　名：*Xanthium occidentale*

属：**苍耳属** Xanthium

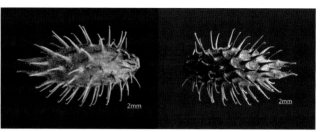

形态特征

　　果实为瘦果，为囊状总苞所包。总苞木质，不开裂，椭圆形，长 12~22 毫米，直径 5~8 毫米；密生刺，刺无钩，刺长约 4 毫米，端生两喙，两喙直立，几乎平行，顶部无弯钩，两喙顶端距离 2~3 毫米，喙长 4 毫米。总苞内分 2 室，每室 1 枚瘦果。瘦果细长，两端尖；果皮灰黑色；果内含 1 粒种子。种子无胚乳，胚直生。（见图 35.11）

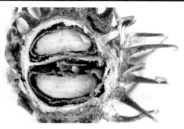

图 35.11 西方苍耳

分布　原产于美洲。

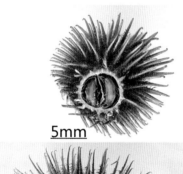

图 35.12 意大利苍耳

264

中文名：**意大利苍耳**

学　名：*Xanthium italicum*

属：**苍耳属** Xanthium

形态特征

　　总苞结果时长圆形，长 1.9~3 厘米，直径 1.2~1.8 厘米；外面特化成长 4~7 毫米的倒钩刺，刺上被白色透明的刚毛和短腺毛，端生两喙，两喙直立，斜向外生，顶部无弯钩。总苞内分 2 室，每室 1 枚瘦果。瘦果细长，两端尖；果皮灰黑色；果内含 1 粒种子。种子无胚乳，胚直生。（见图 35.12）

分布　原产于北美和南欧。中国已发现多地入侵。

265

中文名：**柱果苍耳**

学　名：*Xanthium cylindricum*

属：**苍耳属** Xanthium

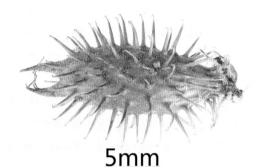

5mm

图 35.13 柱果苍耳

形态特征

　　和北美苍耳（*Xanthium strumarium* var. *glabratum*）极为相似，区别在于总苞的长宽比远大于北美苍耳。（见图 35.13）

分布　原产于美洲。

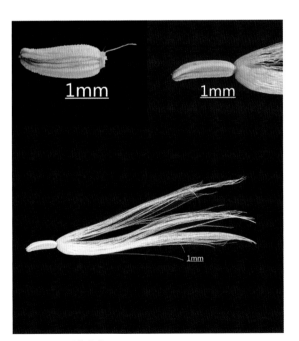

图 35.14 长裂苦苣菜

分布　原产于欧洲。现已遍布全球；中国南北各地均有分布。

266

中文名：**长裂苦苣菜（苣荬菜）**

学　名：*Sonchus brachyotus*

属：**苦苣菜属** Sonchus

形态特征

　　瘦果倒卵状椭圆状，扁状；长 2.5~3.5 毫米，宽约 1 毫米；顶端具衣领状环，冠毛白色，丝状，冠毛易脱落，中央的残存花柱伸出高于衣领状环约 1 倍。果皮深黄褐色至暗褐色；表面粗糙；两面各具 5 条或 5 条以上的纵肋，并有不甚明显的细横皱纹。果脐凹陷，位于果实基端，果内含 1 粒种子。种皮膜质，胚直生，无胚乳。（见图 35.14）

267

中文名：**花叶滇苦菜**

学　名：*Sonchus asper*

属：**苦苣菜属 Sonchus**

形态特征

　　瘦果长椭圆状倒卵形，扁平，长约 2.5 毫米，宽约 1 毫米；褐色至淡黄色；表面粗糙；边缘具宽带状翅，具细锯齿状小刺；两扁面各有 3 条纵棱，棱间无横皱；两端截平；顶端具较窄的衣领状环和较细的白色花柱基，并有柔长的白色冠毛，易脱落；基端截平面内陷，形成短筒状果脐。（见图 35.15）

图 35.15 花叶滇苦菜

分布　中国大部分地区及世界各地均有分布。

图 35.16 苦苣菜

分布　原产于欧洲。现广泛分布于世界各地。

生境　农田野生杂草。

268

中文名：**苦苣菜**

学　名：*Sonchus oleraceus*

属：**苦苣菜属 Sonchus**

形态特征

　　果实为瘦果，狭长椭圆形，长 2.5~3 毫米，宽 0.6~1 毫米，厚约 0.3 毫米；红褐色至褐色；两侧扁平，两面各具 3~5 条纵脊棱，纵脊边有细纹线沟，棱间具明显的细横皱纹；两端渐窄，均近截平；顶端具丝状的白色冠毛，易脱落，中央有 1 花柱残痕，白色；果内含种子 1 粒。果脐位于基部。种子无胚乳；胚大而直生。（见图 35.16）

269

中文名：**齿缘苦荬**

学　名：*Ixeris dentata*

　属：**苦荬菜属 Ixeris**

倍率：X100.0
0.20mm

倍率：X50.0
0.20mm

形态特征

　　瘦果纺锤形，略扁，微向一侧弯曲；两面各具 4~6 个等粗的纵肋，翅状；表面黄棕色至黑褐色；长 4~5 毫米，端部具 1 长喙，喙长 1~2 毫米；基部平截；种脐位于基部，椭圆形；冠毛浅棕色。（见图 35.17）

图 35.17 齿缘苦荬

分布　在中国，分布于江苏、浙江、福建、安徽、江西、湖北、广东等地；俄罗斯、朝鲜、日本也有分布。

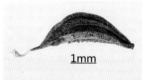

1mm
1mm

270

中文名：**翅果菊**

学　名：*Pterocypsela indica*

　属：**翅果菊属 Pterocypsela**

1mm

图 35.18 翅果菊

分布　中国、俄罗斯（东西伯利亚及远东地区）、日本、菲律宾、印度尼西亚、印度（西北部）。

形态特征

　　瘦果椭圆形，压扁；黑色；长 3~5 毫米，宽 1.5~2 毫米；黑色；压扁，边缘有宽翅，顶端急尖或渐尖成 0.5~1.5 毫米细或稍粗的喙，每面有 1 条细纵脉纹；冠毛 2 层，白色，几为单毛状，长 8 毫米。（见图 35.18）

271

中文名：**多裂翅果菊**

学　名：*Pterocypsela laciniata*

　属：**翅果菊属 Pterocypsela**

图 35.19 多裂翅果菊

形态特征

　　瘦果椭圆形，压扁；棕黑色；长 5 毫米，宽 2 毫米；边缘有宽翅，每面有 1 条高起的细脉纹，顶端急尖成长 0.5 毫米的粗喙；冠毛 2 层，白色，长 8 毫米，几为单毛状。（见图 35.19）

分布　中国、朝鲜、日本。

倍率：X100.0

图 35.20 臭千里光

分布　原产于欧洲。现分布于新西兰、澳大利亚、加拿大、英国、美国、阿根廷、奥地利、比利时、巴西、丹麦、法国、德国、匈牙利、意大利、荷兰、波兰、西班牙、俄罗斯。

生境　生于草原、牧场和田间。

272

中文名：**臭千里光**

学　名：*Senecio jacobaea*

　属：**千里光属 Senecio**

形态特征

　　果实为瘦果，圆柱状椭圆形；长 1.8~2.5 毫米，宽 0.6~0.7 毫米；黄褐色至灰黄褐色；表面具灰黄色宽纵脊棱 7 或 8 条，棱间有深褐色细纵沟，粗糙，具细茸毛；两端截平，顶端稍窄，周边具黄褐色衣领状环，明显外突，中央的额花柱宿存并外突；基部收缩；果内含种子 1 粒。果脐位于果实的端部，圆形，黄褐色，中间凹入，脐缘明显外突。种子横切面椭圆形；无胚乳，胚大而直立。（见图 35.20）

273

中文名：**林荫千里光**

学　名：*Senecio nemorensis*

属：**千里光属 Senecio**

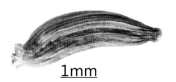

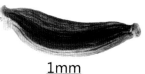

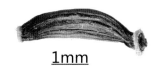

形态特征

　　瘦果圆柱形，直或稍弯曲；无毛；长约 4.5 毫米；表面灰褐色；有纵棱，近两端稍收缩，顶端斜截，衣领状环膨大，白色，花柱残留物超出衣领状环，基部截形；果脐圆筒形，冠毛白色，长 7~8 毫米。（见图 35.21）

图 35.21 林荫千里光

分布 中国、日本、朝鲜、俄罗斯（西伯利亚和远东地区）、蒙古国，以及欧洲。

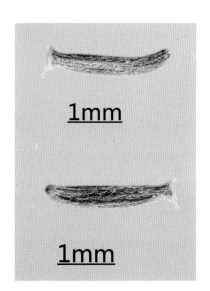

图 35.22 欧洲千里光

分布 在中国，分布于吉林、辽宁、内蒙古、山东、四川、贵州、云南、西藏等地；欧洲、北美洲，以及亚洲西部等也有分布。

274

中文名：**欧洲千里光**

学　名：*Senecio vulgaris*

属：**千里光属 Senecio**

形态特征

　　瘦果圆柱状，直立或稍弯曲，稍扁，横切面椭圆形，长 2~2.5 毫米，宽 0.3~0.5 毫米；表面灰绿色、灰褐色、玫瑰红色；有纵棱 10 条，无毛，棱间有短茸毛，污白色或浅黄色；近两端稍收缩，污白色或浅黄色，顶端截形，衣领状环稍膨大，白色，花柱残留物不超出衣领状环，冠毛不存，基部截形；果脐圆筒形，小。（见图 35.22）

275

中文名：**刺苞果**

学　名：*Acanthospermum hispidum*

　属：**刺苞果属 Acanthospermum**

形态特征

　　总苞倒三角形，扁状，不开裂，长 5~6 毫米，宽约 3 毫米；顶端两侧各具 1 斜向外伸的劲直尖刺，有时末端弯曲，通常不等长；总苞壳浅黄色或淡褐色，表面凹凸不平，并疏生长短不一的倒钩刺；总苞内含瘦果 1 个。瘦果倒卵形，扁状；顶端拱圆，基部渐尖；果皮革质，灰黑色，稍有光泽；果内含种子 1 粒。种子与果实同形。种皮膜质。种子无胚乳；胚直生。（见图 35.23）

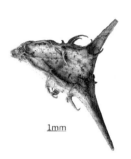

图 35.23 刺苞果

分布　广泛分布于全球热带地区；在中国，分布于云南、广西（西部）。

图 35.24 蓟

分布　在中国，各地均有分布，主产于江苏、浙江、四川等地。

276

中文名：**蓟**

学　名：*Cirsium japonicum*

　属：**蓟属 Cirsium**

形态特征

　　瘦果长倒卵形或椭圆形，稍扁，长 2.5~3 毫米，宽约 1 毫米；顶端截平，具明显的衣领状环，有白色羽状冠毛（成熟时易脱落），环中央具残存花柱，花柱长与衣领状环齐平或略高；基部较窄；果内含种子 1 粒；果皮黄褐色或褐色，两侧中央各有 1 条纵棱，表面平滑，有光泽。果脐位于果实的基端。种皮膜质。种子无胚乳；胚直生。（见图 35.24）

277

中文名：**大叶蓟**

学　名：*Cirsium setosum*

属：**蓟属 Cirsium**

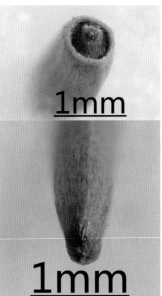

图 35.25 大叶蓟

形态特征

　　瘦果淡黄色，椭圆形或偏斜椭圆形，压扁，长 2.5~3 毫米，宽约 1 毫米，略扁而稍弯，表面平滑，有光泽，顶端斜截形，周缘明显突起整齐的衣领状环。冠毛污白色，多层，整体脱落；冠毛刚毛长羽毛状，长 3.5 厘米，顶端渐细。中央花柱残留，圆柱状，不分瓣，基部狭窄，平截或稍尖。果脐位于其末端，椭圆形，黄褐色。果内含 1 粒种子，横切面椭圆形胚直生，红褐色，无胚乳。（见图 35.25）

分布　中国、朝鲜、日本、蒙古国，以及北美洲、欧洲东部和中部。

图 35.26 矛叶蓟

278

中文名：**矛叶蓟**

学　名：*Cirsium vulgare*

属：**蓟属 Cirsium**

形态特征

　　瘦果长倒卵形，扁四面体状；浅黄色其色上具深褐色间断纵纹；长 4 毫米，宽 1.2 毫米；表面光滑，稍有光泽。两扁面中部和两铡各具 1 淡黄色纵脊；顶端缩细，斜截形，凹陷，边缘为较低的衣领状环，白色至淡黄色；中央具较粗大的花柱基，高出衣领状环 1 倍以上；基部窄，截形，具白色长椭圆形小型果脐。（见图 35.26）

分布　在中国，分布于新疆；欧洲、北美洲、大洋洲等也有分布。

279

中文名：**飞廉**

学　名：*Carduus crispus*

　属：**飞廉属 Carduus**

图 35.27 飞廉

形态特征

　　瘦果倒卵形，直或稍弯曲，扁状；长 3~4 毫米，宽 1.25~1.5 毫米；顶端截平，稍倾斜，具明显的衣领状环，中央残存的花柱较粗，伸出并超过衣领状环高度约 2 倍，有白色刺毛状冠毛（成熟时易脱落）；基部较窄；果内含种子 1 粒；果皮浅灰色或淡黄色，具浅褐色的细纵棱（两侧各有 5 或 6 条，有时亦不存在），并有波状横向皱纹，表面稍有光泽。果脐小，位于果实基端，椭圆形或圆形。种子无胚乳；胚直生。（见图 35.27）

分布　在中国，分布于各地；欧洲、北美洲，以及伊朗也有分布。

生境　田园杂草。

280

中文名：**淡甘菊（新疆三肋果）**

学　名：*Tripleurospermum inodorum*

　属：**三肋果属 Tripleurospermum**

图 35.28 淡甘菊

分布　中国，以及欧洲大部分地区。

形态特征

　　瘦果楔形，长 1.5~2.2 毫米，宽 0.6~1.1 毫米，顶端截平，其边缘延伸成为衣领状环，中央有 1 圆形的残存花柱。果体具 3 棱，三面体；棱脊粗圆，明显隆起；呈黄褐色；棱间有 1 面较宽而拱起，另两面较窄而略平；各面的表面均有颗粒状突起或不规则的波状横皱纹，呈黑褐色。果脐圆形，小，凹陷，位于果实基端。果内含 1 粒种子，种子与果实同形，种皮薄，无胚乳，胚直生。（见图 35.28）

281

中文名：**毒莴苣**

学　名：*Lactuca serriola*

属：**莴苣属 Lactuca**

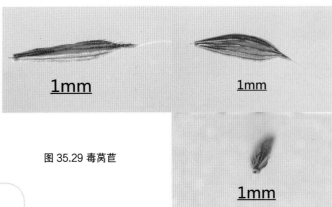

图 35.29 毒莴苣

形态特征

　　每个总苞中含 22~26 个瘦果。瘦果长；灰褐色或黄褐色；倒卵形或椭圆形；长（不含喙）约 3 毫米，宽约 1.5 毫米；表面粗糙；背面具 5 或 6 条棱，腹面具 5~7 条棱，两面扁平常向一方弯曲，形成凹凸面；顶端喙明显，呈细线状，长 4~5 毫米；冠毛白色，微锯齿状，长 3~4 毫米。种脐位于基部，有衣领状结构。（见图 35.29）

分布　原产于欧洲；1860 年传入北美洲。现分布于奥地利、捷克、法国、德国、意大利、荷兰、瑞士、俄罗斯、斯堪的纳维亚半岛、埃及、智利、阿根廷、黎巴嫩、伊拉克、伊朗、摩洛哥、南非、澳大利亚、新西兰、中亚、美国（北部）、加拿大（南部）、蒙古国、墨西哥和中国。

图 35.30 乳苣

分布　中国、朝鲜、蒙古国、伊朗、印度、俄罗斯等。

282

中文名：**乳苣**

学　名：*Lactuca tatarica*

属：**莴苣属 Lactuca**

形态特征

　　瘦果长椭圆形，略扁；暗灰黄色；长约 5 毫米，宽约 1 毫米；表面颗粒状；每面具 3~7 条粗细相间的纵棱；顶部收缩，顶端具宿存冠毛，剥掉冠毛可见平展的衣领状环和花柱残基，基端斜截或平截。果脐位于平截面上，椭圆形凹陷，色同果皮。（见图 35.30）

283

中文名：**鬼针草**

学　名：*Bidens pilosa*

　　属：**鬼针草属** Bidens

形态特征

　　瘦果长条形，扁而稍弯；黑褐色至黑色；长 7~10 毫米，宽 0.8 毫米左右；表面密被细颗粒，有的具或疏或密的暗黄色瘤；背面弓曲，腹面弯入；具 4 条强劲的纵棱，中棱和边棱上部均有向上的短刺，纵棱间常夹 1 条细棱或不明显，顶端具 3 枚黄色芒刺，中央 1 枚短，偶有 2 枚芒刺者，芒刺上具 2 列倒刺。果脐位于基端，黄色，斜向背面，椭圆形凹陷。（见图 35.31）

图 35.31 鬼针草

分布　在中国，分布较广；亚洲和美洲的热带和亚热带地区广泛分布。

图 35.32 金盏银盘

分布　在中国，分布于东北、华北、华东等地区；亚洲其他国家（地区），以及非洲和大洋洲也有分布。

284

中文名：**金盏银盘**

学　名：*Bidens biternata*

　　属：**鬼针草属** Bidens

形态特征

　　瘦果长条形，扁四棱形；棕褐色；长约 20 毫米，宽 1.1 毫米；表面颗粒状粗糙；具 4 条粗大纵棱，粗棱间具 2 条或 1 条细纵棱，棱上分散着黄褐色瘤或斑；顶端平截，具 2 或 3 条刺，如为 3 条，则中央 1 条短，位于腹侧，刺上着生 3 列小倒刺；基端马蹄形扩展，黄色。果脐位于基端，十分偏斜，中央横向椭圆形或钝三角形凹陷，黄色，边棱黄色光滑。（见图 35.32）

285

中文名：**小花鬼针草**

学　名：*Bidens parviflora*

属：**鬼针草属 Bidens**

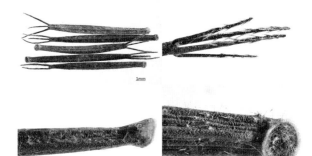

图 35.33 小花鬼针草

形态特征

　　瘦果长条形，扁四棱状；黑褐色；长约 16 毫米，宽约 1 毫米，表面颗粒质粗糙；具 4 条稍粗纵棱，棱间具 3 或 4 条细纵棱，棱上分散着生淡黄色短伏毛和黄褐色瘤或斑；顶端平截，具 2 条刺，刺上着生 2 列小倒刺，基端略扩展，倾斜。果脐位于基端，中央圆形凹陷，较大，黑褐色，边棱有微毛。（见图 35.33）

分布 中国、日本、朝鲜、俄罗斯。

286

中文名：**南美鬼针草**

学　名：*Bidens subalternans*

属：**鬼针草属 Bidens**

1mm

图 35.34 南美鬼针草

分布 原产于南美洲。现分布于西欧、加勒比地区，以及澳大利亚；中国山东有发现。

形态特征

　　瘦果条形；长约 16 毫米，宽约 1 毫米；表面颗粒质粗糙；具 4 条稍粗纵棱，棱间具 3 或 4 条细纵棱，棱上分散着生淡黄色短伏毛和黄褐色瘤或斑，顶端平截，具 4 条刺，刺上着生 2 列小倒刺，基端略扩展，倾斜。果脐位于基端，中央圆形凹陷，较大，黄褐色，边棱宽阔无毛。（见图 35.34）

287

中文名：**婆婆针**

学　名：*Bidens bipinnata*

　属：**鬼针草属 Bidens**

形态特征

　　瘦果条形，长 12~17 毫米（不包括刺芒状冠毛），宽 0.7~1 毫米，顶端宿存 3 或 4 条长刺芒状冠毛，冠毛带有倒刺；果体具 4 棱，棱间稍凹，其中有 1 条细棱，细棱间两侧各有 1 条纵沟；果内含种子 1 粒；果皮深褐色至黑色，表面粗糙，无光泽。果脐位于果实基端，圆形，凹陷。种子无胚乳；胚直生；子叶带状。（见图 35.35）

5mm

5mm

图 35.35 婆婆针

分布 亚洲、美洲的热带和亚热带地区。

288

中文名：**红花**

学　名：*Carthamus tinctorius*

　属：**红花属 Carthamus**

形态特征

　　果实为瘦果，斜倒卵形，宽、厚几相等，长 6 毫米，宽 5 毫米；白色；具明显隆起的 4 棱，棱上端外突，把果体分成 4 面；表面光滑，有光泽；顶端较下方宽，中央的花柱残痕圆形；基部较窄，斜截，内弯；果内含种子 1 粒。果脐位于果实基部内弯处，较大，倒卵形，淡褐色。种子无胚乳；胚大而直生。（见图 35.36）

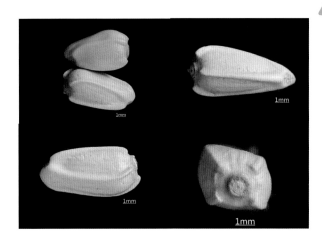

图 35.36 红花

分布 原产于埃及；中国，以及北美洲有栽培。

289

中文名：**黄花**

学　名：*Carthamus lanatus*

属：**红花属 Carthamus**

图 35.37 黄花

形态特征

　　瘦果倒卵形，具 4 粗棱，长约 5 毫米，宽约 4 毫米；顶端宽而平，边缘突起成浅齿状锐边，并具由棱延伸的小尖头；有数层冠毛，聚生一起，呈放射状，冠毛呈扁长带状，质薄，长短不一，颜色也各不相同，宿存或有进脱落；中央具残存花柱痕，圆形，微突；果皮灰白色，灰褐色至棕褐色，并有黑色斑纹；表面凹凸不平，呈齿状、瘤状或不规则粗波纹状，略有光泽，果实基部急尖；果脐圆形，位于果实基部一侧的凹陷内；果内含 1 粒种子。种子无胚乳；胚大而直生。（见图 35.37）

分布　澳大利亚。

290

中文名：**华北鸦葱**

学　名：*Scorzonera albicaulis*

属：**鸦葱属 Scorzonera**

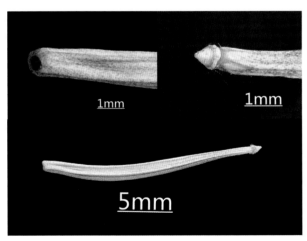

图 35.38 华北鸦葱

形态特征

　　瘦果圆柱状长纺锤形，稍弯曲，长 17~23 毫米，宽约 1.7 毫米；淡黄色至淡黄褐色；表面具 4 条锐纵棱、2 条侧棱、2 条腹棱，棱间具细纵棱；果上部变细；顶端截平，具黄褐色冠毛，脱落后可见金字塔形淡黄色花柱基，无衣领状环，冠毛不宿存；基部具斜切的果脐，凹陷。（见图 35.38）

分布　在中国，分布于黄河流域以北地区；朝鲜、蒙古国、俄罗斯（西伯利亚和远东地区）也有分布。

291

中文名：**黄鹌菜**

学　名：*Youngia japonica*

　属：**黄鹌菜属 Youngia**

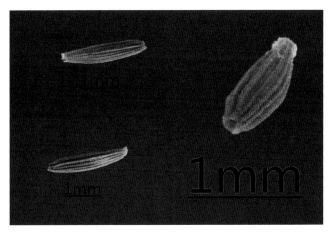

图 35.39 黄鹌菜

形态特征

　　瘦果纺锤形，压扁; 褐色或红褐色; 长 1.5~2 毫米; 向顶端有收缢，顶端无喙，有 11~13 条粗细不等的纵肋，肋上有小刺毛; 冠毛长 2.5~3.5 毫米，糙毛状。（见图 35.39）

分布　中国、日本、印度、菲律宾、朝鲜，以及中南半岛、马来半岛。

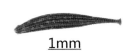

1mm

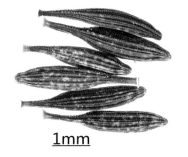

1mm

图 35.40 黄瓜菜

分布　中国、俄罗斯（远东地区）、蒙古国、朝鲜、日本。

292

中文名：**黄瓜菜**

学　名：*Paraixeris denticulata*

　属：**黄瓜菜属 Paraixeris**

形态特征

　　瘦果长椭圆形，压扁; 黑色或黑褐色; 长约 2.1 毫米; 有 10 或 11 条高起的钝肋，上部沿脉有小刺毛，向上渐尖成粗喙，喙长约 0.4 毫米; 冠毛白色，糙毛状，长约 3.5 毫米。（见图 35.40）

中文名：**黄花婆罗门参**

学　名：*Tragopogon orientalis*

属：**婆罗门参属 Tragopogon**

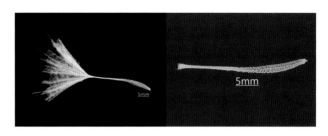

图 35.41 黄花婆罗门参

形态特征

　　瘦果长纺锤形，稍弯曲；褐色；长 1.5~2 厘米；有纵肋，沿肋有疣状突起，上部渐狭成细喙，喙长 6~8 毫米，顶端稍增粗，与冠毛连接处有蛛丝状毛环；冠毛淡黄色，长 1~1.5 厘米。（见图 35.41）

分布　在中国，分布于新疆（青河、富蕴、阿勒泰、哈巴河、布尔津、尼勒克）、内蒙古（大兴安岭）；欧洲，以及哈萨克斯坦也有分布。

生境　生于山地林缘及草地。

图 35.42 黄矢车菊

分布　原产于地中海沿岸。现分布于澳大利亚、美国；中国尚无记载。

294

中文名：**黄矢车菊**

学　名：*Centaurea solstitialis*

属：**矢车菊属 Centaurea**

形态特征

　　果实为瘦果，长倒卵形，长 2~2.5 毫米，宽 1~1.5 毫米；黄褐色至黑褐色；表面具褐色或褐黄色条纹；顶端截平，周缘具扁平而细长的、长短不一的白色冠毛（有时脱落），最内一层包围花柱残痕，冠毛侧缘密具微毛；基部稍窄向腹面内弯成钝钩，腹面基部具明显的凹陷；果内含种子 1 粒。果脐位于果实腹面凹陷内，近长圆形。种子横切面扁圆形。种子无胚乳；胚大而直生，黄褐色。（见图 35.42）

295

中文名：**马尔他矢车菊**

学　名：*Centaurea melitensis*

属：**矢车菊属 Centaurea**

形态特征

　　瘦果椭圆形，稍扁，长 2~2.5 毫米，宽 1~1.2 毫米；顶端截平，具明显的衣领状环，呈黄白色，并有多层扁平而狭长的白色冠毛，冠毛长约 3 毫米，外层冠毛最短，向内渐次增长，最内一层较短，围绕着中央残存花柱。果皮浅灰白色，其背、腹两面中间各有 1 条较粗的白色纵线纹，线纹间另有 1~4 条细线纹，表面平滑，有光着，果实基部向腹面弯曲成钩状。果脐淡黄色，位于钩端凹陷处。果内含 1 粒种子。种子无胚乳；胚直生。（见图 35.43）

图 35.43 马尔他矢车菊

分布 原产于欧洲。现澳大利亚及美国也有分布。

296

中文名：**匍匐矢车菊**

学　名：*Centaurea repens*

属：**矢车菊属 Centaurea**

形态特征

　　瘦果倒卵形，扁状，长 3~4 毫米，宽 2~3 毫米；顶端较宽而截平，衣领状环不显著，几乎与顶面齐平，中央具 1 短喙，喙长约 0.3 毫米，周围有 1 层白色线状冠毛（成熟时易落）；果内含种子 1 粒；果皮表面乳白色，约具 10 条不甚清晰的纵肋条，有蜡光泽；除去外部白色层，内果皮呈棕红色，革质，坚硬，表面有数条纵沟纹。种皮膜质。种子无胚乳；胚大而直生。（见图 35.44）

图 35.44 匍匐矢车菊

分布 中国、澳大利亚、阿富汗、阿根廷、加拿大、南非、美国、伊拉克、法国、印度、俄罗斯。

中文名：**矢车菊**

学　名：*Centaurea cyanus*

　　属：**矢车菊属 Centaurea**

形态特征

　　果实为瘦果，长椭圆形，长 3.5~4 毫米，宽约 2 毫米（不包括冠毛）；灰褐色；表面光滑，稍具光泽，有向上生的白色细柔毛；背面、腹面及两侧缘各有 1 条明显近白色的纵纹线，纹间还有数条细纹线；顶端截平，衣领状黄色边缘整齐突起，具黄褐色狭长而扁平的冠毛，两边刷状，长约 3 毫米，由外至内逐渐增长，最内 1 层较短，排列成环状，中央的花柱瘤状突起；基部内弯，斜，中空，上面附有白色细毛；果实内含种子 1 粒。果脐位于果实基部凹槽处，凹陷。种子无胚乳；胚大而直生，褐色。（见图 35.45）

图 35.45 矢车菊

分布　原产于欧洲东南部至地中海沿岸。现中国及世界各国（地区）广为栽培。

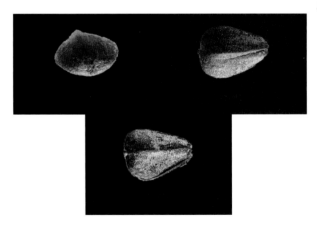

图 35.46 假苍耳

298

中文名：**假苍耳**

学　名：*Iva xanthifolia*

　　属：**假豚草属 Iva**

形态特征

　　瘦果倒卵形，背腹压扁状，长约 2 毫米，宽约 1 毫米；黑色或黑褐色；表面密布颗粒状细纵纹，有时附着黄褐色屑状物；背部隆起；腹面较平或被分割成 2 个斜面，两侧有明显脊棱；顶端钝圆，具淡黄色花柱残痕；基部具棱状突出的黄色果脐。有较平的腹面和隆起的背面，腹面中央及两侧各有 1 条脊棱，顶端有花柱残痕，并有稀疏柔毛。（见图 35.46）

分布　在中国，分布于东北地区；北美洲、欧洲也有分布。

299

中文名：**剑叶金鸡菊**

学　名：*Coreopsis lanceolata*

　属：**金鸡菊属 Coreopsis**

图 35.47 剑叶金鸡菊

形态特征

　　瘦果圆形或椭圆形，长 2.5~3 毫米，极扁，向一面弯曲；表面黑褐色；具粗颗粒，腹面具稀疏的棕褐色刺毛，边缘有宽翅，翅纸质，翅棕褐色，约 1 毫米宽，顶端有 2 短鳞片。（见图 35.47）

分布 原产于北美。现中国各地庭园常有栽培。

300

中文名：**菊苣**

学　名：*Cichorium intybus*

　属：**菊苣属 Cichorium**

形态特征

　　果实为瘦果，长楔形，长 2~3 毫米，上端宽 1~1.3 毫米，基部宽 0.6~0.8 毫米；深褐色；具明显纵脊棱，通常 5 棱，有时 4 棱；表面具密集的细颗粒状突起及黑褐色至黑色的条纹；果体上宽下窄，两端截平；顶端周缘密布灰白色、粗硬的短鳞片状冠毛；中央具圆形花柱残痕，微突起；果内含种子 1 粒。果脐大，近五角形，黄色。种子横切面四边形或五边形。种子无胚乳；胚大而直生。（见图 35.48）

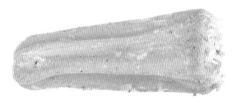

倍率：X150.0
0.20mm

图 35.48 菊苣

分布 亚洲、非洲、北美洲、大洋洲。

中文名：**具毛还阳参**

学　名：*Crepis capillaries*

属：**还阳参属 Crepis**

形态特征

果实为瘦果，长纺锤形，稍弯，或弯曲成半月形，长 1.5~2.5 毫米，宽 0.4~0.5 毫米，厚约 0.4 毫米；黄褐色至淡褐色；表面具显著的纵棱脊 10 条，脊棱钝圆并明显外突，脊间较粗糙，略有光泽；两端较窄；顶端截平，圆形，周边略扩展成外突的黄白色衣领状环，具冠毛，易脱落，环中央花柱残痕不明显；基部渐窄；果内含种子 1 粒。果脐位于果实的基端，近圆形，较小，外突。种子横切面近圆形，周边锯齿状外突。种子无胚乳，胚细而长。（见图 35.49）

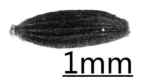

图 35.49 具毛还阳参

分布 原产于中欧和南欧。现已传入北美洲；中国尚无记载。

中文名：**屋顶黄花菜**

学　名：*Crepis tectorum*

属：**还阳参属 Crepis**

形态特征

瘦果倒棒状或窄长纺锤形，直或稍弯曲，长 2.5~4.5 毫米，宽 0.5~0.7 毫米；顶端截形，具明显的白色衣领状环，中央有不明显的残存花柱，冠毛细长，白色，易脱落；果皮深红褐色或黑褐色，表面具 10 条纵棱，并有明显的颗粒状突起，尤其在棱上更为明显，近果实顶端收缩，略呈短喙状；果脐圆形，凹陷，位于果实基端；果内含 1 粒种子。种子无胚乳；胚直生。（见图 35.50）

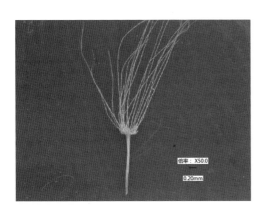

图 35.50 屋顶黄花菜

分布 原产于欧洲、亚洲。北美洲，以及俄罗斯高加索和西伯利亚地区有分布。

303

中文名：**蓝刺头**

学　名：*Echinops sphaerocephalus*

　属：**蓝刺头属 Echinops**

图 35.51 蓝刺头

形态特征

　　瘦果倒圆锥状，长约 7 毫米，被黄色的稠密顺向贴伏的长直毛，不遮盖冠毛。冠毛量杯状，高约 1.2 毫米；冠毛膜片线形，边缘糙毛状，大部结合。（见图 35.51）

分布　在中国，分布于新疆（天山地区）；欧洲也有广泛分布。

生境　生于山坡林缘或渠边。

1mm

1mm

304

中文名：**林泽兰**

学　名：*Eupatorium lindleyanum*

　属：**泽兰属 Eupatorium**

图 35.52 林泽兰

分布　在中国，除新疆未见记录外，遍布各地；俄罗斯、朝鲜、日本也有分布。

生境　生于山谷阴处水湿地、林下湿地或草原上。海拔 200~2600 米。

形态特征

　　瘦果黑褐色，长 3 毫米，椭圆状，5 棱，散生黄色腺点；顶端收缩，平截，具明显的淡黄色衣领状环，环中央具花柱残基，基部也收缩，钝圆，果脐位于基底；冠毛白色，与花冠等长或稍长。（见图 35.52）

中文名：**马兰**

学　名：***Kalimeris indica***

　　属：**马兰属 Kalimeris**

倍率：X100.0

0.20mm

形态特征

　　瘦果倒卵状矩圆形，极扁，长 1.5~2 毫米，宽约 1 毫米；褐色；边缘浅色而有厚肋，上部被腺体及短柔毛；冠毛长 0.1~0.8 毫米，不等长，弱而易脱落。（见图 35.53）

图 35.53 马兰

分布　广泛分布于亚洲南部及东部；朝鲜、日本，以及中南半岛极常见。

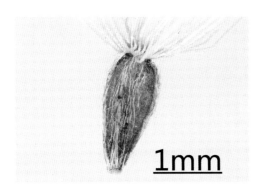

1mm

图 35.54 全叶马兰

306

中文名：**全叶马兰**

学　名：***Aster pekinensis***

　　属：**紫菀属 Aster**

形态特征

　　瘦果三角状倒卵形，扁平；黄褐色；长 1.8~2 毫米，宽 1.5 毫米；表面粗糙，有细纵纹和不明显的 1 或 2 肋；边缘薄而锐，顶端斜截，色袍深，中央的花部残基圆形，周围有白色流苏状环，基端钝尖；基底具较小的果脐，白色，椭圆形，凹陷，中央褐色；冠毛带褐色，长 0.3~0.5 毫米，不等长，弱而易脱落。（见图 35.54）

分布　中国、朝鲜、日本、俄罗斯。

307

中文名：**毛连菜**

学　名：*Picris hieracioides*

　属：**毛连菜属 Picris**

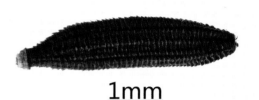

图 35.55 毛连菜

形态特征

　　瘦果长椭圆形，直或稍弯曲，长 3~5 毫米，宽 0.8~1.1 毫米；顶端收缩，有白色的衣领状窄环，顶端中央具极短的残存花柱；果皮红褐色或黑褐色，表面有 5~10 条纵棱，棱间有明显的波状横皱纹；果脐圆形，凹陷，白色，位于果实基部，果内含 1 粒种子。种子无胚乳；胚直生。（见图 35.55）

分布 在中国，分布于华北、华东、华中、西北和西南等地区；欧洲也有分布。

308

中文名：**泥胡菜**

学　名：*Hemistepta lyrata*

　属：**泥胡菜属 Hemistepta**

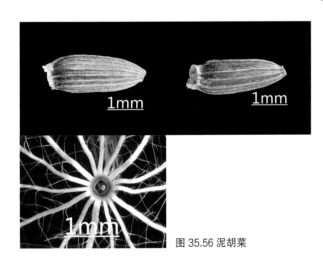

图 35.56 泥胡菜

形态特征

　　果实为瘦果，长倒卵状椭圆形，一侧直，一侧稍外凸，长 2~2.5 毫米，宽 0.75~1.1 毫米；红褐色至暗褐色；表面具 15 条纵细脊棱，棱细而突出，棱间呈纵沟，暗褐色；顶端斜截，冠毛 2 层，白色，羽状，长于果体，易脱落或有残存；周缘衣领状环不整齐，黄褐色，外突出，环中央的花柱残痕较短，基部斜截；果内含种子 1 粒。果脐位于果实端部，脐边圆形外突，黄褐色。种子横切面椭圆形，周边细波浪形。种子无胚乳；胚直立，黄褐色。（见图 35.56）

分布 在中国，分布于各地；越南、老挝、印度、日本也有分布。

309

中文名：**蒲公英**

学　名：*Taraxacum mongolicum*

属：**蒲公英属 Taraxacum**

形态特征

　　瘦果窄倒卵形，常稍弯曲，长约 4 毫米（不计喙部），宽约 1.5 毫米；顶端具细弱长喙，喙长 6~8 毫米，易折断，其顶端具白色冠毛；果皮土黄色或浅黄褐色，表面具 12 纵棱（5 条粗、7 条细），棱上有小突起，果体中部以上具尖头小瘤突起，果脐凹陷，位于果实基端；果内含 1 粒种子。种皮膜质。种子无胚乳；胚直生。（见图 35.57）

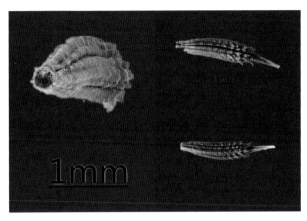

图 35.57 蒲公英

分布　在中国，分布于各地；朝鲜、俄罗斯也有分布。

倍率：X100.0

0.20mm

图 35.58 药蒲公英

分布　世界各大洲皆有分布。

310

中文名：**药蒲公英**

学　名：*Taraxacum officinale*

属：**蒲公英属 Taraxacum**

形态特征

　　与蒲公英椎为相似，稍大，长 2.8~3.2 毫米，宽 0.7~1 毫米；浅绿褐色至黄褐色；中部以上有大量小尖刺，其余部分具小瘤状突起，顶端突然缢缩为长 0.4~0.6 毫米的喙基，喙纤细，长 7~12 毫米；冠毛白色，长 6~8 毫米。（见图 35.58）

311

中文名：**水飞蓟**

学　名：*Silybum marianum*

　属：**水飞蓟属 Silybum**

倍率：X30.0

0.20mm

图 35.59 水飞蓟

形态特征

　　瘦果近椭圆状倒卵形，较扁，一侧较平直，长约 7 毫米，宽约 3.5 毫米；淡黄色底色上具黑褐色不规则条纹或条斑，有光泽；表面光滑；顶端斜截，向直边一侧倾斜，四周具衣领状环，环中央具残破状不整齐的花柱基痕；基部斜截。果脐位于果实斜截面上，裂缝状椭圆形。（见图 35.59）

分布　欧洲（南部）、北美洲、拉丁美洲。

倍率：X30.0

0.20mm

图 35.60 天人菊

312

中文名：**天人菊**

学　名：*Gaillardia pulchella*

　属：**天人菊属 Gaillardia**

形态特征

　　瘦果倒圆锥状楔形，略扁；黄褐色至深灰褐色；长约 2.5 毫米，宽约 1.7 毫米；表面细颗粒状；周围 4 条纵棱，使果体形成 4 个面；自基部周围丛生向上的棕色粗毛，包围果体，毛白色至黄色；果顶平截，具较窄的衣领状环，环内侧具 1 圈稍透明的鳞片状冠毛，5~10 枚不等，冠毛顶端芒状，常折断，冠毛长 5 毫米；中央具花柱基，果基部钝尖；果脐位于基底，椭圆形，白色。（见图 35.60）

分布　原产于美国。中国各地有栽培。

中文名：**薇甘菊**

学　名：*Mikania micrantha*

　属：**假泽兰属 Mikania**

形态特征

　　瘦果狭倒披针形至狭椭圆形，偶尔稍弯曲，长 1.5~2.5 毫米，直径 0.2~0.6 毫米；棕黑色；表面具腺体及稀疏的短白刺毛，具 5 纵棱；冠毛宿存，由 30~40 条组成，白色，长 2~4 毫米，冠毛上具短刺毛。种子细小，无胚乳。（见图35.61）

图 35.61 薇甘菊

分布　原产于中美洲。广泛分布于亚洲和大洋洲热带地区。

倍率：X50.0

0.20mm

图 35.62 天名精

分布　广布于中国各地。

生境　生于山坡、路旁或草坪上。

313

中文名：**天名精**

学　名：*Carpesium abrotanoides*

　属：**天名精属 Carpesium**

形态特征

　　瘦果条形，稍扁，长 3~3.5 毫米，宽约 0.5 毫米；顶端缢细成短喙，喙端扩展成圆盘状，喙上及果实基部有浅黄色腺体；果内含种子 1 粒；果皮黄褐色，表面光滑无毛，约具 14 条细纵棱。果脐位于果实基端，圆形，凹陷。种皮薄。种子无胚乳；胚直生。（见图 35.62）

315

中文名：**香丝草**

学　名：*Erigeron bonariensis*

属：**白酒草属 Erigeron**

形态特征

　　瘦果倒卵状长椭圆形；长约 1.4 毫米，宽约 0.4 毫米；顶端稍宽，无明显衣领状环，中央具残存花柱，微突，呈白色点状；冠毛宿存，淡粉红色，粗糙；果皮膜质半透明，淡黄白色，表面疏生朝上的白色细短毛；冠毛 1 层，长约 4 毫米；果实基部渐窄；果脐圆形，微凹陷，位于果实基端；果内含种子 1 粒。种子与果实同形。种子无胚乳；胚直生。（见图 35.63）

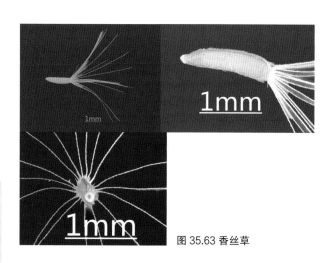

图 35.63 香丝草

分布　原产于欧洲。在中国，分布较广。

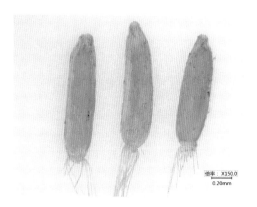

图 35.64 小飞蓬

分布　在中国，分布于各地；北美洲、欧洲也有分布。

316

中文名：**小飞蓬**

学　名：*Erigeron canadensis*

属：**白酒草属 Erigeron**

形态特征

　　瘦果长椭圆形，长 1.2~1.5 毫米，宽约 0.5 毫米，扁状；顶端收缩，无明显的衣领状环，中央具残存花柱，冠毛常宿存，污白色；果皮膜质，浅黄色或黄褐色，表面有白色细毛，果实基部稍窄；果脐凹陷，周围白色，位于果实基部；果内含 1 粒种子。种子无胚乳；胚直生。（见图 35.64）

中文名：**野生向日葵**

学　名：*Helianthus annuus*

属：**向日葵属 Helianthus**

图 35.65 野生向日葵

形态特征

　　果实为瘦果，宽倒卵状长圆形至倒卵状椭圆形，两侧略扁，长 4~7 毫米，宽 2.4~2.9 毫米；灰白色、灰黄褐色至灰褐色；表面平坦，具不规则的黑褐色至黑色斑纹和纵向细线纹；上端圆形或近圆形，中央的花柱残痕圆形，微突出；基部渐窄，端部钝圆或斜截；果内含种子 1 粒。果脐位于果实基部，略偏斜，脐部有 1 小裂口。种子横切面长椭圆形。种子无胚乳；胚大而直生，黄色。（见图 35.65）

分布　原产于北美洲。在中国广为栽培。

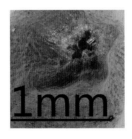

图 35.66 小葵子

分布　原产于东非。中国于 1972 年引进。埃塞俄比亚和印度广泛栽培；东南亚和西欧一些国家（地区），以及俄罗斯、日本也有栽培。

318

中文名：**小葵子**

学　名：*Guizotia abyssinica*

属：**小葵子属 Guizotia**

形态特征

　　瘦果棒状倒卵形，狭长；头状花序约产40 粒种子；瘦果基部增大，亮黑色，表面附着有黄白色斑点；顶部和基部坚硬，具 4 棱，长 3~6 毫米，宽 1.5~4 毫米。胚乳白色。（见图 35.66）

319

中文名：**旋覆花**

学　名：*Inula japonica*

　属：**旋覆花属 Inula**

图 35.67 旋覆花

形态特征

　　瘦果圆柱形或长椭圆形，长 1~1.2 毫米；红褐色至黄褐色；表面有 10 条纵沟，疏被短毛，稍有光泽；先端截平，有浅黄色衣领状环。果脐圆形，凹陷，边缘围成小圆筒，稍偏斜；冠毛宿存。（见图 35.67）

分布　中国、日本、朝鲜、蒙古国、俄罗斯（远东地区和西伯利亚）。

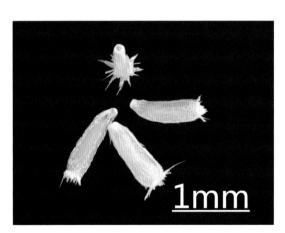

图 35.68 一年蓬

320

中文名：**一年蓬**

学　名：*Erigeron annuus*

　属：**飞蓬属 Erigeron**

形态特征

　　瘦果矩圆形至长倒卵形，扁四棱状，长约 1 毫米，宽约 0.3 毫米；黄色至浅褐色；表面粗糙，被稀疏短毛；两扁面各有 1 隆起中脊，侧面具窄翼状棱脊；顶端微收缩，截平，具鳞片状短冠毛和矮衣领状环，花柱残痕淡黄色，较粗；基部截平，基端具碗口状果脐。（见图 35.68）

分布　原产于美洲。在中国，分布于大部分地区；北美洲、欧洲也有分布。

321

中文名：**中华小苦荬**

学　名：*Ixeridium chinense*

　属：**小苦荬属 Ixeridium**

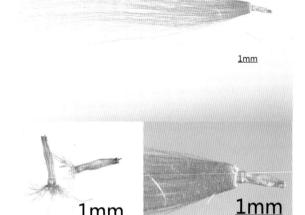

1mm

图 35.69 中华小苦荬

形态特征

　　瘦果褐色，长椭圆形，长约 2.2 毫米，宽约 0.3 毫米；有 10 条高起的钝肋，肋上有上指的小刺毛；顶端急尖成细喙，喙细，细丝状，长约 2.8 毫米；冠毛白色，微糙，长约 5 毫米。（见图 35.69）

分布　中国、俄罗斯（远东地区及西伯利亚）、日本、朝鲜。

倍率：X30.0

0.20mm

图 35.70 独脚金

分布　亚洲、非洲热带地区广布。

322

中文名：**独脚金**

学　名：*Striga asiatica*

　属：**独脚金属 Striga**

形态特征

　　蒴果矩圆状，包于宿存的萼内，室背开裂，长约 5 毫米，内含数百粒种子。种子卵状或矩圆状；长约 0.3 毫米；种皮具网纹。（见图 35.70）

323

中文名：**黄秋英**

学　名：*Cosmos sulphureus*

　属：**秋英属 Cosmos**

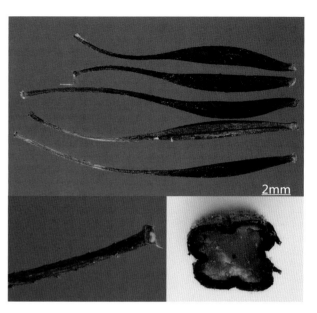

图 35.71 黄秋英

形态特征

　　瘦果梭形，四棱状，稍弯曲；黄褐色至深褐色；长约 1 厘米（不包括喙），宽约 1 毫米；表面粗糙，具黄褐色大斑点；4 条纵棱将瘦果分成 4 平面，每面具 1 深纵沟，每棱上具 1 排刺毛；横截面蝴蝶形；果顶收缩成喙，细长，几与果体等长；顶端平截，中央微凹，具不明显的柱头残余；果基斜截，具马蹄形果脐，色淡。（见图 35.71）

分布 原产于美洲。中国各地有栽培。

324

中文名：**跳蚤草**

学　名：*Calotis hisphidula*

　属：**刺冠菊属 Calotis**

1mm

图 35.72 跳蚤草

形态特征

　　总状花序球形，直径约 5 毫米，内含数粒果实，瘦果形似小跳蚤，木质化，果体倒三角状圆锥形，长约 2 毫米，在果体上端生有多个伸向不同方向的硬刺。（见图 35.72）

分布 澳大利亚。

中文名：**串叶松香草**

学　名：*Silphium perfoliatum*

　属：**松香草属 Silphium**

图 35.73 串叶松香草

 形态特征

　　瘦果宽倒卵形，极扁呈盘状，边缘翅状并向腹面弯曲，长约 8 毫米，宽约 6 毫米；表面浅褐色、灰褐色至黑褐色；顶端中间有方形缺口，两面具若干弧曲的细纵棱，无毛，基部斜截。（见图 35.73）

分布 北美洲。

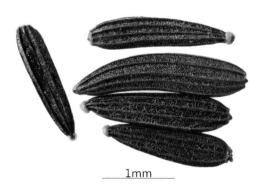

图 35.74 黄顶菊

中文名：**黄顶菊**

学　名：*Flaveria bidentis*

　属：**黄顶菊属 Flaveria**

 形态特征

　　瘦果黑色；长圆形或线状长圆形；具纵肋 10 条；无冠毛，或透明的鳞片状冠毛数枚。种子单生；与果实同形，横切面椭圆形；胚大而直生；灰白色；无胚乳。（见图 35.74）

分布 原产于南美洲。现分布于北美洲、非洲、欧洲、大洋洲，以及亚洲部分国家（地区）。

327

中文名：**大丽花**

学　名：*Dahlia pinnata*

属：**大丽花属 Dahlia**

图 35.75 大丽花

形态特征

　　瘦果长圆形，长约 10 毫米，宽约 3.5 毫米；表面灰褐色的膜，云掉膜后表面黑褐色；两侧扁平，两面具密的细条棱，端部有 2 个不明显的齿或无，基部平截，凹陷；果脐在凹陷内，色淡，衣领状环微凸。（见图 35.75）

分布 原产于墨西哥。全世界广泛栽培。

328

中文名：**苍术**

学　名：*Atractylodes lancea*

属：**苍术属 Atractylodes**

图 37.76 苍术

分布 中国、朝鲜、俄罗斯。

形态特征

　　瘦果倒卵圆状，长约 6 毫米；表面粗糙；红褐色；被稠密的顺向贴伏的白色长直毛，有时变稀毛。果脐位于基部，圆形，约 0.5 毫米，凹陷，衣领状环突出，有光泽。冠毛刚毛褐色或污白色，长 7~8 毫米，羽毛状，基部连合成环。（见图 37.76）

鸭跖草科

Commelinaceae

329

中文名：**饭包草**

学　名：*Commelina benghalensis*

属：**鸭跖草属 Commelina**

图 36.1 饭包草

形态特征

　　果实贴于地面或位于地下，为蒴果，椭圆形，长 4~6 毫米，3 室，腹面 2 室每室具 2 颗种子，开裂，后面 1 室仅有 1 颗种子，或无种子，不裂。种子较大，长 1.8~3.4 毫米，宽 1.4~2.2 毫米，厚 1~1.5 毫米；呈半阔椭圆形，微弯，一端钝圆，一端截平，背面拱起；种皮土灰色或淡褐色，表面粗糙，多皱并有不规则网纹，皱纹之间有浅凹穴；腹面平坦，中间有 1 条略凸起微弯的与种皮同色的条纹。种脐位于种子弯曲内侧的背腹交界处，微内凹，中央略凸起，圆形。胚藏于圆形胚盖下的圆柱状凹腔内，淡黄褐色，短圆柱形，顶端截平、呈铁钉头状，基部钝圆，微扩展，外包淡灰褐色的鞘。种子含有灰白色至半透明的丰富的胚乳。（见图 36.1）

分布　在中国，分布于河北，以及秦岭、淮河以南各地；非洲，以及亚洲其他热带、亚热带地区也有分布。

图 36.2 鸭跖草

330

中文名：**鸭跖草**

学　名：*Commelina communis*

属：**鸭跖草属 Commelina**

形态特征

　　果实为蒴果，脑状半球形或椭圆形，平凸状，先端锐尖，长 5~7 毫米，宽约 3 毫米，成熟时内分 2 室，内含种子 3 或 4 粒。种子长 2~3.8 毫米，宽 2.4~2.8 毫米，半阔卵形；种皮土灰色或淡褐色，无光泽；椭圆形或一端截平，顶端园钝，基部截平，背面隆起；表面有颗粒状粗糙，有不规则的粗皱纹和近圆形的深凹穴；腹面近于平直，其皱纹和凹穴不明显，中间有 1 条明显的黑褐色稍弯条纹；腹面连接处稍凹，暗褐色，有 1 个圆形的脐眼状胎盖。胚藏于胚盖下的圆柱凹腔内，呈短圆柱状，顶端平截，似铁钉头，淡黄褐色，胚外包裹着橘黄色的套。胚乳极丰富，灰白色或呈蜡白色，粉质，近透明。（见图 36.2）

分布　在中国，分布于云南、四川、甘肃以东等地；越南、朝鲜、日本、俄罗斯（远东地区），以及北美洲也有分布。

中文名：**裸花水竹叶**

学　名：***Murdannia nudiflora***

属：**水竹叶属 Murdannia**

图 36.3 裸花水竹叶

形态特征

　　果实为蒴果，卵圆状三棱形，长 3~4 毫米，成熟时 3 瓣开裂，内分 3 室，每室 2 粒种子。种子长约 1.6 毫米，宽约 1.2 毫米；半阔卵形；顶端圆钝，基部截平，背面圆拱形，腹部微隆起，中间有 1 条不明显的短脐线；种皮浅棕色，表面粗糙，有明显的深窝孔，或同时有浅窝孔和以胚盖为中心呈辐射状排列的白色瘤突；远离种脐位于种子背腹交界处有 1 个圆形的脐眼状胚盖，胚短圆柱状，藏于胚盖下的圆柱凹腔内。种子含丰富的肉质胚乳。（见图 36.3）

分布

　　在中国，分布于云南、广西、广东、湖南、四川、河南（南部）、山东、安徽、江苏、浙江、江西、福建等地；老挝、印度、斯里兰卡、日本、印度尼西亚、巴布亚新几内亚，以及夏威夷等太平洋岛屿及印度洋岛屿也有分布。

三十七

莎草科
Cyperaceae

332

中文名：**荸荠**

学　名：*Eleocharis dulcis*

　　属：**荸荠属 Eleocharis**

倍率：X50.0
0.20mm

图 37.1 荸荠

形态特征

　　小坚果宽倒卵形，扁双凸状，长2~2.5毫米，宽约1.7毫米，黄色，平滑，表面网纹呈四至六角形，顶端不缢缩；花柱基从宽的基部向上渐狭而呈二等边三角形，扁，不为海绵质。（见图37.1）

分布　在中国，分布于福建和广东。

倍率：X100.0
0.20mm

图 37.2 牛毛毡

333

中文名：**牛毛毡**

学　名：*Eleocharis yokoscensis*

　　属：**荸荠属 Eleocharis**

形态特征

　　小坚果倒卵状圆形；苍白色；长约0.8毫米，宽约0.3毫米；表面具横向伸长的网纹，由10余条纵纹和50余条横比方构成；果顶端具黑色略呈三角形的柱头基，常脱落，果基部收缩，末端具膨大而不整齐的果脐。（见图37.2）

分布　中国、朝鲜、日本、蒙古国、俄罗斯。

334

中文名：**红鳞扁莎**

学　名：*Pycreus sanguinolentus*

属：**扁莎属 Pycreus**

图 37.3 红鳞扁莎

形态特征

　　小坚果圆倒卵形或长圆状倒卵形，双凸状，稍肿胀；长为鳞片的 1/2~3/5；铅灰棕褐色；表面粗糙，布满网状凹点，背面稍隆起，腹面平，顶近平，具花柱基，基部渐窄，基底平；具椭圆形果脐，稍凹陷，淡黄色。（见图 37.3）

分布　在中国，分布于黑龙江、吉林、辽宁、内蒙古、山西、陕西、甘肃、新疆、山东、河北、河南、江苏、湖南、江西、福建、广东、广西、贵州、云南、四川等地；欧亚地中海区域、中亚细亚、非洲，以及越南、印度、菲律宾、印度尼西亚、日本、俄罗斯（阿穆尔州）等也有分布。

335

中文名：**水葱**

学　名：*Schoenoplectus tabernaemontani*

属：**水葱属 Schoenoplectus**

形态特征

　　鳞片椭圆形或宽卵形，顶端稍凹，具短尖，膜质，长约 3 毫米，棕色或紫褐色，有时基部色淡，背面有铁锈色突起小点，脉 1 条，边缘具缘毛；下位刚毛 6 条，等长于小坚果，红棕色，有倒刺。小坚果阔椭圆形，平凸状，棕褐色，稍有光泽；长 2.5 毫米，宽 1.5 毫米；表面平具细颗粒状密纵纹，有小凹条，背面隆起，腹面平，顶端楔形，具花柱残基，基部阔楔形；基底具圆形果脐，较平。（见图 37.4）

图 37.4 水葱

分布　中国、朝鲜、日本，以及欧洲、美洲、大洋洲。

336

中文名：**水毛花**

学　名：*Schoenoplectus mucronatus* subsp. *robustus*

属：**水葱属 Schoenoplectus**

形态特征

　　鳞片长圆状卵形，长 4~5 毫米，淡棕色，先端有短尖，中脉 1 条，两侧有红棕色短条纹；下位刚毛 6 条，与小坚果近等长，有倒刺；小坚果倒阔卵形，平凸状，棕褐色，长约 2 毫米，宽约 1.2 毫米，表面密布凸棱状横纹，背面隆起，具中脊，腹面近平，顶端略平，具较短花柱基，基部阔楔形，黄色，基底具圆形果脐。（见图 37.5）

图 37.5 水毛花

倍率：X30.0

0.20mm

分布 中国、朝鲜、日本、马来西亚、印度等。

1mm

1mm

图 37.6 萤蔺

分布 中国，以及亚洲其他热带亚热带地区、大洋洲、北美洲等。

337

中文名：**萤蔺**

学　名：*Schoenoplectus juncoides*

属：**水葱属 Schoenoplectus**

形态特征

　　坚果三棱状倒阔卵形，长约 2 毫米，宽约 1.9 毫米；顶端平，中央具小尖头状喙，背面稍拱，腹面隆起钝脊，把腹面分成两个斜面，基部楔形，并具 5 或 6 条带倒刺的下位刚毛，其长度略等于果实，常脱落；果皮黑褐色，表面略有横波纹，有光泽。果脐近圆形，位于基部，微凹，棕褐色。（见图 37.6）

338

中文名：**水莎草**

学　名：*Cyperus serotinus*

　属：**莎草属 Cyperus**

图 37.7 水莎草

形态特征

　　小坚果阔倒卵形，扁，平凸状；棕褐色；长约 1.5 毫米，宽约 1.1 毫米；表面具整齐的细颗粒，排列成纵条纹，顶端圆，具残余的花柱基，基部平截。果脐位于果底的截面上，椭圆形或圆形，稍凹陷，比果皮颜色稍浅。（见图 37.7）

分布 中国、朝鲜、日本、俄罗斯、印度。

339

中文名：**筛草**

学　名：*Carex kobomugi*

　属：**薹草属 Carex**

形态特征

　　果囊稍短于鳞片或与鳞片近等长，披针形或卵状披针形，平凸状，长 10~15 毫米，宽约 4 毫米，弯曲；厚革质；栗色，无毛，有光泽；两面具多条脉，上部边缘具齿状狭翅，基部近圆形，具短柄，先端渐狭成长喙，稍弯，喙口具 2 尖齿。小坚果紧包于果囊中，长圆状倒卵形或长圆形，长 5~5.5 毫米，橄榄色，基部稍成楔形，顶端圆形；花柱下部微有毛，基部稍膨大，柱头 2 个。（见图 37.8）

图 37.8 筛草

分布 中国、俄罗斯、朝鲜、日本。

三十八

禾本科

Gramineae

340

中文名：**白茅**

学　名：*Imperata cylindrica*

　　属：**白茅属 Imperata**

图 38.1 白茅

形态特征

　　小穗成对着生于穗轴节上，一具长柄，一具短柄，小穗基部密生丝状柔毛，成熟时自小穗柄上带着柔毛一同脱落。小穗披针形，具两颖，颖片质薄，上部膜质，先端延伸成尾状，边缘具纤毛或粗糙，第 1 颖具 3 或 4 脉；第 2 颖具 4~6 脉，内含 2 朵小花，第 1 小花外稃卵形，膜质透明，内稃缺；第 2 小花外稃披针形，膜质透明，先端尖，两侧呈细齿状，内稃先端平截，具细齿，与外稃等长。颖果卵圆形，长约 1 毫米，宽约 0.3 毫米，棕黄色，胚体大，长椭圆形，长约占果体 2/3，微凹。果脐深褐色，点状，位于果实基端。（见图 38.1）

分布　在中国，分布于各地；亚洲其他热带和亚热带地区、非洲东部和大洋洲也有分布。

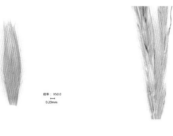

341

中文名：**白羊草**

学　名：*Bothriochloa ischaemum*

　　属：**孔颖草属 Bothriochloa**

形态特征

　　小穗孪生，无柄者为两性，有柄者为雄性或中性。无柄小穗长圆状披针形，长 4~5 毫米，基盘有髯毛；第 1 颖草质，背部中央略下凹，具 5~7 脉，下部 1/3 下有丝状柔毛；第 2 颖舟形，中部以上有纤毛；第 1 外稃边缘疏生纤毛，第 2 外稃退化成线形，先端延伸成膝曲扭转之芒。有柄小穗第 1 颖背部无毛，具 9 脉；第 2 颖具 5 脉，背部扁平，两侧内折，边缘具纤毛。（见图 38.2）

图 38.2 白羊草

分布　在中国，分布较广；世界其他温暖地区也有分布。

342

中文名：**稗**

学　名：*Echinochloa crus-galli*

属：**稗属 Echinochloa**

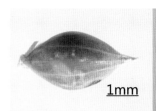
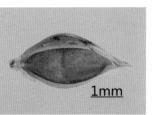
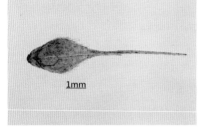

图 38.3 稗

形态特征

　　小穗卵圆形，长约 3 毫米，宽约 1.5 毫米；深黄色或带紫色；一面扁平，一面凸起，密集于穗轴的一侧，具芒。小穗第 1 颖短小，长为小穗之 1/3，三角形，基部包卷小穗，先端小，具 5 脉，边脉具短硬毛或硬刺疣毛；第 2 颖具 5 脉，脉上具刺状疣毛，脉间被短硬毛，先端尖。小穗含 2 花，第 1 花退化，仅存内外稃，外稃先端成 1 粗壮的芒，芒长 5~30 毫米，内稃与外稃等长。第 2 花（孕花）外稃背部椭圆形，隆起，长约 2 毫米，宽约 1.3 毫米，淡灰褐色或黄褐色，具不明显 5 脉，平滑光亮，先端渐尖成小尖头，小尖头草质，边缘紧包于同质之内稃。颖果卵形，长约 1.6 毫米，米黄色，脐较大，棕褐色，胚卵形，长约占颖果的 2/3。（见图 38.3）

分布　在中国，分布较广；世界其他温暖地区也有分布。

图 38.4 芒稷

343

中文名：**芒稷**

学　名：*Echinochloa colona*

属：**稗属 Echinochloa**

分布　在中国，分布于华东、华南、西南等地区；世界其他温暖地区也有分布。

形态特征

　　小穗卵形，长 2~2.5 毫米，宽 1.2~1.5 毫米，黄褐色、紫褐色或草绿色。小穗含 2 花，第 1 花退化，仅存内外稃，第 2 花两性。颖草质，第 1 颖短小，长为小穗的 1/2，三角形，第 2 颖等于或长于小穗，先端具小尖头，具 7 脉，间脉不达于基部。第 1 外稃与第 2 颖等长，具小硬毛，内稃短于外稃，膜质。第 2 花（孕花）外稃骨质，显著隆起，具 5 脉，淡灰黄色，表面光滑，有明显光泽，边缘包卷同质之内稃，内稃平坦，边缘膜质。颖果卵圆形，长约 1.5 毫米，宽约 1 毫米，乳白色，背面隆起，腹面平坦，表面平滑，有蜡质光泽，胚大，约占颖果全长的 1/5~1/3。（见图 38.4）

344

中文名：**无芒稗**

学　名：*Echinochloa crusgalli* var. *mitis*

　属：**稗属 Echinochloa**

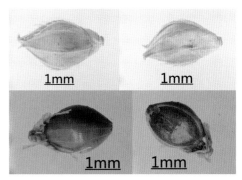

图 38.5 无芒稗

分布 在我国，分布于华东、华南和西南等地区；世界其他温暖地区也有分布。

形态特征

　　小穗含 2 花，第 1 花退化，仅存内、外稃，第 2 花两性，结实，颖草质；每 1 颖短小，尖三角形，基部包卷小穗，具 5 脉；每 2 颖与小穗等长，常具 5 脉，稀 7 脉，脉上及脉间具刺状硬毛，先端渐尖；第 1 外稃草质，先端渐尖成小尖头或伸长不超过 3 毫米的短芒，内秀薄膜质，具 1 脊，结实外稃骨质，背面显著隆起，具不明显 5 脉，淡灰白色至灰褐色；边缘紧包同质之内稃，内稃坪坦，边缘膜质；颖果长 1.8~2.4 毫米，灰褐色至暗灰褐色，卵圆形，背腹压扁，背面显著隆起，腹面平坦，胚位于背面基部，宽椭圆形，大而明显，约占颖果全长的 4/5。种脐圆形，黑褐色。小穗卵形，长约 3 毫米，有较多的短毛，脉上具硬刺疣，无芒或具长不及 3 毫米的芒（系与原种野稗的主要区别）。（见图 38.5）

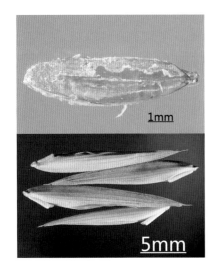

图 38.6 扁穗雀麦

分布 拉丁美洲和美国南部各洲。中国已引种。

生境 优良牧草。

345

中文名：**扁穗雀麦**

学　名：*Bromus catharticus*

　属：**雀麦属 Bromus**

形态特征

　　小穗两侧极扁压，通常含 6 或 7 或多至 12 朵小花，小穗轴节间矩圆形，为外稃基部所包。颖尖披针形，脊上具微刺毛。带稃颖果，外稃长 16~18 毫米，脉上具刺状粗糙，脊脉较宽，先端 2 裂，自裂处伸出约 2 毫米的短芒。内稃窄狭，长约为外稃的 2/3，具 2 脊，脊上有短纤毛，内稃为外稃边缘所包，不外露。颖果贴生于内稃，极不易分离，长约 8 毫米，宽约 1 毫米，棕褐色，顶端具淡黄色的毛茸，腹面具较深的窄沟。（见图 38.6）

346

中文名：**黑雀麦**

学　名：*Bromus secalinus*

　属：**雀麦属 Bromus**

图 38.7 黑雀麦

形态特征

　　小穗长圆披针形，含 5~15 花，2 颖不等长。带稃颖果，外稃长 6~9 毫米，宽约 2 毫米，灰褐色，边缘明显内卷，顶部膜质，2 浅裂，芒自裂处稍下方伸出，长 4~6 毫米，或无芒。内稃与外稃等长，脊上疏生刺毛。小穗轴较短，向后弯。颖果紧包于内外稃之间，并与内稃粘贴，不易剥落，长 6~7 毫米。颖果果体深黄褐色至暗褐色，表面暗而无光，顶部具白色毛茸，胚小，位于背面基部。（见图 38.7）

分布　欧洲、北美洲。中国未见记载。

347

中文名：**毛雀麦**

学　名：*Bromus hordeaceus*

　属：**雀麦属 Bromus**

形态特征

　　小穗含 6~10 花，小穗轴节间具刺毛，颖披针形，被柔毛，带绿色。带稃颖果，外稃背面长椭圆形，灰褐色，上密生柔毛，先端 2 裂，芒自裂处稍下伸出，长 4~6 毫米。内稃与颖果紧贴，不易分离，脊上具硬毛。颖果长椭圆形，扁，长约 7 毫米，宽 1.5~2 毫米，棕色，顶部具毛茸，腹面不具沟。胚占颖果的 1/6~1/5。（见图 38.8）

图 38.8 毛雀麦

分布　欧洲、美洲。中国已有引种。

348

中文名：**雀麦**

学　名：*Bromus japonicus*

　属：**雀麦属 Bromus**

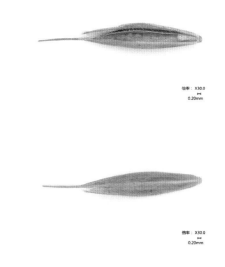

图 38.9 雀麦

形态特征

　　小穗两侧扁，2 颖不等长，小穗成熟自颖之上脱落。小穗含 7~14 花。带稃颖果，外稃长椭圆形，边缘膜质，背面疏生短刺毛，先端尖，微 2 裂，裂齿间下方伸出长芒，芒长 10~13 毫米。内稃较窄，短于外稃，脊上疏生刺毛。颖果与内外稃相贴，不易分离。颖果长 7~10 毫米，宽约 2 毫米，棕褐色，顶端具淡黄色的毛茸。（见图 38.9）

分布 在我国，广布于长江和黄河流域地区；朝鲜、日本，以及欧洲、北美洲等也有分布。

349

中文名：**野雀麦（田雀麦）**

学　名：*Bromus arvensis*

　属：**雀麦属 Bromus**

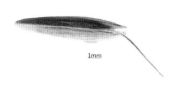

图 38.10 野雀麦

分布 欧洲、地中海地区、喜马拉雅、中亚，以及俄罗斯（西伯利亚）。中国（甘肃、江苏等地）有引种，作牧草。

形态特征

　　小穗含 5~10 花，小穗轴节间棍棒状，矩圆形，斜截，第 1 颖具 1 脉；第 2 颖具 3 脉，两颖均短于下部小花。外稃长 6~8 毫米，背面矩圆形，具 5~7 脉，无毛，顶端具明显的二齿裂，裂齿长三角形，上部边缘膜质稍向外扩展，具芒，芒与稃体近等长，长 6~9 毫米，从中间裂齿间伸出，较弯曲；内稃成舟形，膜质，具 2 脊，脊上具短柔毛。内外稃与颖果紧贴，不易分离。颖果长约 5 毫米，宽约 1 毫米；细长椭圆形；褐色或棕褐色，顶端钝圆，具黄色的茸毛；基部尖。横切面呈宽"V"形；胚椭圆形，较小。（见图 38.10）

350

中文名：**硬雀麦**

学　名：***Bromus rigidus***

属：**雀麦属 Bromus**

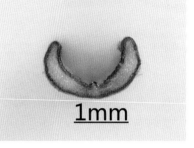

图 38.11 硬雀麦

形态特征

　　小穗披针形，两侧扁，2 颖不等长，颖长 15~25 毫米，小穗成熟时自颖之上脱落。小穗含 4 或 5 花。带稃颖果；外稃粗糙或具微刺状毛，表面黄褐色，基部红褐色至暗红褐色，稃体上部膜质透明，并疏生白色长柔毛，易脱落，先端 2 裂，芒自齿间稍下方伸出，芒长 20~50 毫米；内稃短于外稃，膜质，具 2 脊，脊上疏生短刺毛，其背面有 1 段小穗轴，长约 4 毫米，顶端膨大成菱形，长 10~15 毫米，宽约 2 毫米，北部拱圆，腹面具深沟，先端钝，有白色茸毛，基部尖。果体与内外稃紧贴，不易剥离。（见图 38.11）

分布　地中海沿岸，以及美国和澳大利亚。中国有引种。

351

中文名：**无芒雀麦（无芒草、禾萱草）**

学　名：***Bromus inermis***

属：**雀麦属 Bromus**

倍率：X30.0

0.20mm

图 38.12 无芒雀麦

形态特征

　　小穗两侧扁，2 颖不等长，颖披针形，边缘膜质。小穗内含 4~8 小花。带稃颖果，外稃披针形。褐黄色，长 8~10 毫米，宽 2.5~3 毫米，无芒或具 1~2 毫米的短芒。内稃短于外稃，脊上具纤毛。内外稃与颖果相贴，不易分离。颖果长 7~9 毫米，宽约 2 毫米，棕色，顶端具淡黄色的毛茸。（见图 38.12）

分布　在中国，分布于东北、西北等地区；亚欧大陆其他温带国家（地区）和北美洲也有分布。

352

中文名：**牛筋草**

学　名：*Eleusine indica*

　属：**穆属 Eleusine**

1mm

形态特征

　　小穗含 3~6 花，颖披针形，具脊，脊上粗糙。外稃长 3.5~4 毫米，具脊，脊上具狭翼。内稃短于外稃，具 2 脊，脊上具短纤毛。果实为囊果，种子被膜质果皮疏松地包着，易分离。种子卵形，长 1~1.5 毫米，宽约 0.5 毫米，深红褐色至黑褐色，表面具明显隆起的波状皱纹，纹间具细而密的横纹，背面显著隆起成脊状，腹面有 1 浅纵沟，先端钝圆，基部较尖，胚部隆起成条状。种脐微突，位于种子腹面的基部。（见图 38.13）

图 38.13 牛筋草

倍率：X150.0

0.20mm

分布 世界温带及热带地区。中国各地均有分布。

353

中文名：**草地早熟禾**

学　名：*Poa pratensis*

　属：**早熟禾属 Poa**

倍率：X100.0

0.20mm

图 38.14 草地早熟禾

分布 在中国，分布于各地；北半球的其他温带地区也有分布。

形态特征

　　小穗含 2~4 花，穗轴节间较短，先端稍大，具柔毛。颖先端尖，光滑或脊上粗糙。外稃纸质，边缘膜质，先端尖，具 5 脉，中脉成脊，脊及边脉在中部以下具长柔毛，基盘具密而长的白色绵毛；内稃稍短，具 2 脉，成脊，脊上粗糙或具短纤毛。内、外稃与颖果紧贴，不易剥离。颖果纺锤形，具 3 棱，长 1.1~1.5 毫米，红棕色，腹面有 1 条明显的细纵沟，由基部伸达中部或中部以上；顶端窄，基部急尖。胚部小，隆起，为暗褐色。种脐微小，黑褐色。横切面心形。（见图 38.14）

354

中文名：**高山早熟禾**

学　名：*Poa alpina*

　属：**早熟禾属 Poa**

> **形态特征**

　　小穗卵形，含 4~7 小花，长 4~8 毫米；颖卵形，质地薄，边缘宽膜质，具 3 脉，脊上微粗糙，顶端锐尖，第 1 颖长 2.5~3（4）毫米，第 2 颖长 3.4~4.5 毫米；外稃宽卵形，质薄，顶端和边缘具宽膜质，背部作弧形弯拱，具 5 脉，下部脉间遍生微毛，脊下部 2/3 与边脉中部以下有长柔毛，基盘不具绵毛，第 1 外稃长 3~4（5）毫米；内稃等长或稍长于其外稃，顶端凹陷，脊上部具微小锯齿而糙涩，下部具纤毛。（见图 38.15）

倍率：X50.0
0.20mm

图 38.15 高山早熟禾

> **分布** 在中国，分布于新疆、青海等地。欧洲大部分国家（地区）、中亚，以及伊朗、阿富汗、巴基斯坦、印度也有分布。

倍率　X100.0
0.20mm

倍率　X50.0
0.20mm

图 38.16 加拿大早熟禾

> **分布** 欧洲、北美洲。在中国，天津、山东（青岛）及江西（牯岭）有发现。

355

中文名：**加拿大早熟禾**

学　名：*Poa compressa*

　属：**早熟禾属 Poa**

> **形态特征**

　　小穗含 2~4 花，小穗轴节间矩圆形。颖先端具尖，脊上微粗糙，边缘及顶端具狭膜质。外稃长 2.6~3.2 毫米，宽约 1 毫米，先端具狭膜质；脊及边缘基部具少量柔毛或无毛。内稃脊上粗糙。颖果纺锤形，红棕色，长约 1.6 毫米，顶端具毛茸。腹面扁平或稍凹。胚突起。（见图 38.16）

356

中文名：**林地早熟禾**

学　名：*Poa nemoralis*

　　属：**早熟禾属 Poa**

图 38.17 林地早熟禾

形态特征

　　小穗通常含 3 花，小穗轴节间细长，被短柔毛。颖先端尖，边缘膜质，脊上稍粗糙。外稃长 2.8~3.4 毫米，宽 0.5~0.8 毫米，先端具较宽的膜质，脊中部以下及边脉的下半部具柔毛；内稃脊上粗糙。颖果长 1.3~1.6 毫米，顶端具毛茸，腹面扁平，胚凸起。（见图 38.17）

分布 在中国，分布于华北等地区；欧洲，以及亚洲北部其他国家（地区）也有分布。

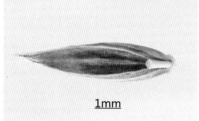

图 38.18 早熟禾

分布 欧洲、亚洲、北美洲。中国大部分地区有分布。

357

中文名：**早熟禾**

学　名：*Poa annua*

　　属：**早熟禾属 Poa**

形态特征

　　稃颖果外稃卵圆形，长 1.8~2.5 毫米，宽约 1 毫米，深黄褐色，边缘及顶端具宽膜质，具明显的 5 脉，脊及边脉下部具柔毛。颖果纺锤形，具 3 棱，深黄褐色，顶部钝圆具毛茸。（见图 38.18）

358

中文名：**泽地早熟禾（河源早熟禾）**

学　名：*Poa palustris*

　　属：**早熟禾属 Poa**

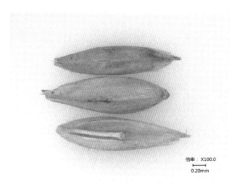

倍率：X100.0
0.20mm

图 38.19 泽地早熟禾

形态特征

　　小穗含 3 花，小穗轴节间细，顶端稍膨大。颖先端尖，稍带紫色，脊上粗糙。外稃长 2.6~3 毫米，宽 0.5~0.8 毫米，先端膜质，脊及边脉下部具柔毛。内稃脊上粗糙或具细纤毛。颖果长 1.1~1.5 毫米，红棕色，顶端具毛茸，腹面略凹陷或平坦，胚突起。（见图 38.19）

分布　在中国，新疆（天山、阿尔泰山、准噶尔山地）、西藏、四川（壤塘）有发现。欧洲、中亚和北美洲广泛分布。

359

中文名：**长芒毒麦**

学　名：*Lolium temulentum var. longiaristatum*

　　属：**黑麦草属 Lolium**

倍率：X20.0
0.20mm

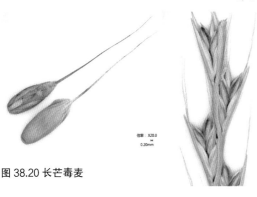

倍率：X20.0
0.20mm

图 38.20 长芒毒麦

形态特征

　　小穗长 8~9 毫米，有 9~11 小花，小穗轴节间长 1~1.5 毫米，光滑无毛；颖质地较硬，具 5~9 脉，具狭膜质边缘，长 8~10 毫米，外稃质地较薄，基盘微小，具 5 脉，顶端钝，膜质透明，第 1 外稃长 6 毫米，芒长可达 2 厘米，自近外稃顶端处伸出，内稃长约等于外稃，脊上具有微小纤毛，顶端钝。颖果长椭圆形，长 4~6 毫米，宽约 2 毫米，褐黄色至棕色，坚硬，无光泽，腹沟较宽。（见图 38.20）

分布　欧洲、美洲、大洋洲。中国有发现。

360

中文名：**毒麦（黑麦子，小尾巴麦子）**

学　名：*Lolium temulentum*

　　属：**黑麦草属 Lolium**

形态特征

　　小穗含 4~6 花，长 8~9 毫米（芒除外），宽 3~5 毫米，光滑无毛。第 1 颖除在顶生小穗外均退化，第 2 颖 5~9 脉，质地较硬。外稃背面圆形，长 6~9 毫米，宽 2~2.8 毫米，具 5 脉，顶端膜质透明，自顶端稍下方的 0.5 毫米处伸出长达 1 厘米的芒；内稃约与外稃等长，具 2 脊，脊上有纤毛，近中部通常有皱纹和纵沟。内、外稃质地薄，黄白色，与颖果紧贴，不易剥离。颖果长 4~6 毫米，宽 1.8~2.5 毫米。厚约 1.6 毫米；椭圆形；黄褐色至灰褐色；背面圆形，腹面弓形，具 1 纵沟；两端钝圆，顶端无毛。胚部卵圆形。（见图 38.21）

图 38.21 毒麦

分布　原产于欧洲。现已传入许多国家（地区），美洲、大洋洲、东南亚均有分布。

361

中文名：**田毒麦**

学　名：*Lolium temulentum* var. *arvense*

　　属：**黑麦草属 Lolium**

图 38.22 田毒麦

形态特征

　　毒麦的一个变种，植株形态与原种极为相似。与毒麦的主要区别是，它的外稃无芒或是小的芒尖。每小穗花数为 7 或 8。带稃颖果长 5.5~8 毫米，宽约 2.5 毫米，厚约 1.5 毫米。（见图 38.22）

分布　在中国，主要分布于江苏、青海、云南等地；欧洲、美洲也有分布。

中文名：**细穗毒麦（亚麻毒麦、散黑麦草）**

学　名：*Lolium remotum*

　　属：**黑麦草属 Lolium**

形态特征

　　小穗形小，每小穗含 4~8 花。有的小穗又再分枝。带稃颖果倒卵形或椭圆形，浅黄褐色，背面平直，腹面弓形。一般无芒，也有具细的芒尖者。去稃颖果椭圆形，先端有茸毛，背部圆形而平直，腹面的腹沟宽而浅。胚部近圆形或卵形，稍凹陷。带稃颖果长 3~5.5 毫米，宽 1.5~2.2 毫米，厚 1~1.5 毫米。（见图 38.23）

倍率：X30.0
0.20mm

图 38.23 细穗毒麦

分布 原产于欧洲。巴基斯坦、叙利亚、埃及、伊朗、阿富汗以及印度有分布。在中国，吉林、黑龙江有发现。

倍率：X50.0
0.20mm

图 38.24 多花黑麦草

363

中文名：**多花黑麦草（意大利黑麦草）**

学　名：*Lolium multiflorum*

　　属：**黑麦草属 Lolium**

形态特征

　　小穗含 10~15 花，第 1 颖退化，第 2 颖长约 15 毫米。带稃颖果矩圆形，背腹扁；淡黄色至黄色；长（不包括芒）6 毫米，宽 1.7 毫米。外稃具 5 脉，顶端膜质透明，中脉延伸出 3~5 毫米长细芒；内稃与外稃等长，2 脊，脊上具微小纤毛。小穗轴近矩形，扁，上部渐宽，顶端近平截，具微毛。基盘小，横棱状。颖果与内外稃紧贴，不易剥离，倒卵形或矩圆形，背腹扁；褐色至棕色；顶端圆，有毛。（见图 38.24）

分布 分布于欧洲、非洲及亚洲西部。中国引种作牧草。

364

中文名：**黑麦草（多年黑麦草）**

学　名：*Lolium perenne*

　　属：**黑麦草属 Lolium**

形态特征

　　小穗两侧压扁，含 6~10 朵小花。穗轴短，扁平，直伸，有浅的纵沟。带稃颖果无芒，只在小穗上部的颖果具有短芒。整个果体背腹极扁平，近等厚。透过稃片可隐约看见颖果。去稃颖果暗黑褐色，狭长椭圆形，背面平直，腹面中部略凹，先端钝圆，有浅黄白色的冠状物，基部较尖，胚部微凹，胚卵状。带稃颖果长 4~7 毫米，宽 1~1.5 毫米。（见图 38.25）

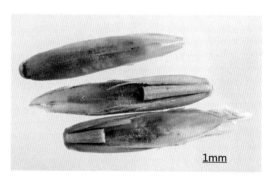

图 38.25 黑麦草

分布　原产于欧洲。现已遍布全世界。中国仅引种栽培作牧草。

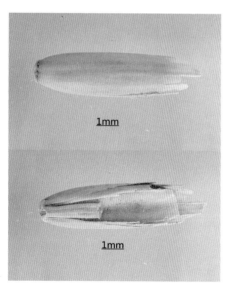

图 38.26 欧黑麦草

分布　在中国，分布于新疆（阿克苏）、青海（西宁）、甘肃（民勤）、陕西等地；俄罗斯（高加索地区）、伊朗、加拿大也有分布。

365

中文名：**欧黑麦草（波斯黑麦草）**

学　名：*Lolium persicum*

　　属：**黑麦草属 Lolium**

形态特征

　　每穗有 20 个左右的小穗互生于穗轴上，每小穗有小花 4~7 个。带稃颖果船形，细长，背部扁平，腹面凹陷。外稃披针形或长方披针形，外稃包裹颖果 3/4，壳薄，内稃呈深船形，其长度与外稃相等或略长。大多具长芒，芒由中脉顶端延伸而成，芒长为颖果长度的 1.5~2倍；也有的芒较短，呈芒尖状。去稃颖果细长椭圆形，胚部近卵形或椭圆形，微凹。带稃颖果背腹压扁，长 5~10 毫米，宽 1.5~2 毫米，厚约 1 毫米。（见图 38.26）

366

中文名：**瑞士黑麦草（硬毒麦、硬黑麦草）**

学　名：*Lolium rigidum*

　属：**黑麦草属 Lolium**

形态特征

　　小穗含 4~8 花，带稃颖果船形，伸长，具一细弱的芒，芒自顶部发出，长约为颖果的一半，直伸，通常易折断。有时仅具芒尖。外稃坚实、革质、微呈 5 棱；内稃几乎与外稃等长。通过外稃、内稃，颖果能清楚可见。去稃颖果长卵圆形，腹面具凹沟，暗棕色，胚椭圆形，胚椭圆形，凹陷，长约占颖果的 1/4，色浅于颖果。带稃颖果长 5~6 毫米，宽约 1.5 毫米，厚约 0.75 毫米。（见图 38.27）

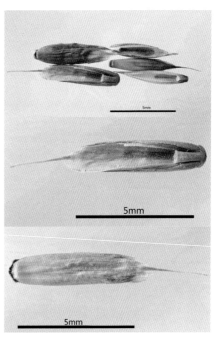

图 38.27 瑞士黑麦草

分布　在中国，分布于甘肃（天水）、河南等地。广泛分布于伊拉克、阿富汗、巴基斯坦、伊朗、土库曼斯坦，以及欧洲各地。

367

中文名：**长穗偃麦草**

学　名：*Elytrigia elongata*

　属：**偃麦草属 Elytrigia**

倍率：X30.0
⊢⊣
0.20mm

图 38.28 长穗偃麦草

分布　原产于欧洲。中国引进栽种。

形态特征

　　小穗含 5 或 6 花。带稃颖果长圆形，顶端钝圆或稍平截，长 6~10 毫米，宽约 3 毫米。第 1 颖稍短于第 2 颖；外稃宽披针形，顶端钝或具短尖头，具 5 脉，中脉隆起；内稃稍短于外稃，顶端钝圆，脊上具细纤毛。（见图 38.28）

368

中文名：**偃麦草（速生草）**

学　名：*Elytrigia repens*

属：**偃麦草属 Elytrigia**

形态特征

　　小穗两侧扁，具 2 颖，颖披针形，光滑，边缘膜质，小穗轴节间圆锥形。小穗含 6~10 小花，小花外稃披针形，长 6~10 毫米，深褐色，先端锐尖成芒，芒长 1~2 毫米。内稃具 2 脊，脊上具短刺毛。内外稃与颖果紧相贴，不易分离。颖果矩圆形，长 3~4 毫米，宽约 1 毫米，褐色。顶端具浅黄色的毛茸，背部拱圆，腹面凹陷，中间具 1 条隆起的棕黑色浅纹。果皮红褐色。胚长约占颖果的 1/4~1/3。（见图 38.29）

图 38.29 偃麦草

分布　北温带。在中国，新疆、青海、内蒙古，以及华北、东北地区有分布。

图 38.30 中间偃麦草

分布　欧洲南部。中国引种栽培。

369

中文名：**中间偃麦草**

学　名：*Elytrigia intermedia*

属：**偃麦草属 Elytrigia**

形态特征

　　小穗含 3~6 花。颖矩圆形，先端钝圆或平截。小穗轴节间喇叭筒状，短，顶端斜截。小花外稃宽披针形，长 8~10 毫米，宽约 2 毫米，淡褐黄色，先端钝而有时微凹。内稃具 2 脊，脊上粗糙，边缘膜质。颖果与内稃贴生，不易分离。颖果长约 6 毫米，宽约 1.5 毫米，顶端具白色或淡黄色的毛茸；脐不明显；腹面扁，具沟；胚呈指纹状，长约占颖果的 1/5~1/4。（见图 38.30）

370

中文名：**臭草**

学　名：*Melica scabrosa*

属：**臭草属 Melica**

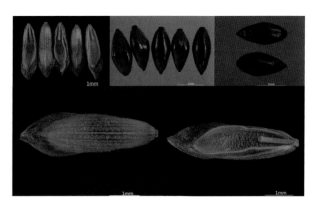

图 38.31 臭草

形态特征

　　小穗 2~4 花，成熟后相互脱离。外稃淡灰褐色，长 9 毫米，宽 1.8 毫米，具 7 脉，两侧脉接近并具短毛，其他脉无毛，顶端膜质，常破碎脱落，表面颗粒状粗糙。内稃显著短于外稃，顶端钝圆，近平截，脊上具微纤毛，小穗轴上部较粗，顶端斜截凹陷，基盘较钝。颖果极易脱离稃片，纺锤形，棕褐色，有光泽，长 1.5 毫米，宽 0.7 毫米；顶端钝圆具丘状花柱基，基部尖，腹部一侧凹陷处有明显的隆起。（见图 38.31）

分布　在中国，分布于东北、华北、西北地区，以及山东、江苏、安徽、河南、湖北、四川、云南、西藏等地；朝鲜也有分布。

生境　生于海拔 200~3300 米的山坡草地、荒芜田野、渠边路旁。

图 38.32 车前状臂形草

分布　美洲、非洲中部和西部及大洋洲的太平洋岛屿。

371

中文名：**车前状臂形草**

学　名：*Brachiaria plantaginea*

属：**臂形草属 Brachiaria**

形态特征

　　小穗 2 花，带颖脱落，长椭圆形，背腹压扁。第 1 颖阔三角形，基部呈靴状包卷小穗，基部具 7~9 脉，稍短于小穗的 1/2；第 2 颖具 7 脉，与小穗等长。第 1 花不育，仅存内外稃，第 2 花结实。带稃颖果椭圆形，淡黄绿色，长 3.8~4 毫米，宽约 1.8 毫米。外稃骨质，边缘包卷内稃，表面有细横皱纹，顶端尖，近基部有 1 马蹄形隆起，基端延生为舌状；内稃同外稃。颖果椭圆形，背腹极压扁，胚长椭圆形，长达颖果的 3/4，微凹。（见图 38.32）

372

中文名：**垂穗草**

学　名：*Bouteloua curtipendula*

属：**垂穗草属 Bouteloua**

图 38.33 垂穗草

形态特征

　　小穗含 1 孕及数枚退化小花，生于主轴一侧，长 4.5~6 毫米，灰褐色或带紫色，颖尖披针形，具 1 脉。带稃颖果第 1 外稃略长于颖，先端 2 浅裂，边脉可延伸成长约 1 毫米的小尖头；内稃略长于外稃，中部以上成脊，内外稃疏松包围颖果，易分离。不具沟。颖果棕褐色，长 2.5~3 毫米，宽约 1 毫米，顶端具残存花柱，脐具白色绒毛，腹面扁平。（见图 38.33）

分布　北美洲，以及阿根廷。中国有引种。

373

中文名：**刺蒺藜草**

学　名：*Cenchrus echinatus*

属：**蒺藜草属 Cenchrus**

图 38.34 刺蒺藜草

形态特征

　　小穗 2~7 枚，簇生于刺苞中，脱节于总苞基部，苞长 3.8~4.2 毫米，宽 4.5~5.5 毫米，黄褐色；刺苞表面密生长柔毛和长短粗细不同带有倒毛的刺，刺向上直生，最外层刺短而纤细，呈刚毛状，向内渐次增粗而扁，内层刺的边缘上在顶端以下密生着长柔毛。小穗披针形或长卵圆形，无柄，长 3.5~5.8 毫米。第 1 颖微小，长约 2 毫米，三角形状卵形，先端小，具 1 脉；第 2 颖草质，短于小穗，卵状被针形，具 5 脉，先端疏生向下微刺毛，基部钝尖。结实小花外稃与小穗等长，革质，卵状被针形，顶端尖，具 5~7 脉，包被于同质的内稃。颖果卵圆形，长 2~3 毫米，宽 1.5~2 毫米，厚 0.8~1.5 毫米；淡黄褐色；背面凸圆，腹面扁平，两端钝圆，基部钝尖；花柱宿存。胚大明显，椭圆形，约占颖果长 4/5。种脐位于腹面的基端，卵圆形，黑褐色，略凹入。（见图 38.34）

分布　哥伦比亚、秘鲁、委内瑞拉、古巴、危地马拉、牙买加、阿根廷、巴西、美国、巴拉圭、波多黎各、波利维亚、智利、洪都拉斯、墨西哥、新几内亚、斯里兰卡、菲律宾、泰国、马来西来、缅甸、印度、巴基斯坦、匈牙利、尼日利亚、毛里求斯、澳大利亚等。在我国，台湾及海南有逸生，为归化植物；1978 年广西凭祥有发现；2020 年青岛、烟台有发现。

374

中文名：**沙丘蒺藜草（刺苞草、蒺藜草、长刺蒺藜草）**

学　名：*Cenchrus tribuloides*

属：**蒺藜草属 Cenchrus**

形态特征

小穗 1~3 个，蒺生于有刺的总苞中，总苞长约 5 毫米，宽约 2.5~3 毫米，刺长 2.5~12 毫米，深黄色至褐色，刺苞及刺的下部具丝状柔毛。小穗扁平卵形，无柄，长约 5 毫米，宽 2.6~3 毫米，第 1 颖缺。外稃质硬，背面平坦，先端尖，具 5 脉，边缘膜质，包卷内稃，内稃凸起。脐明显，凹陷，圆形紫黑色，下方具总柄残余。胚大，圆形或卵圆形，长约占颖果的 4/5。（见图 38.35）

倍率：X20.0
0.20mm

图 38.35 沙丘蒺藜草

分布 原产于北美洲。现分布于美国、墨西哥、巴西、阿根廷、智利、波多黎各、乌拉圭、俄罗斯、德国、葡萄牙、缅甸、巴基斯坦、印度、斯里兰卡、阿富汗、黎巴嫩、摩洛哥、南非、澳大利亚。中国未见记载。

倍率：X20.0

图 38.36 疏花蒺藜草

分布 美国、墨西哥、阿根廷、智利、乌拉圭、澳大利亚、阿富汗、印度、孟加拉国、黎巴嫩、葡萄牙，以及西印度群岛、南非等。在中国，辽宁黑山、彰武等地有发现。

375

中文名：**疏花蒺藜草（少花蒺藜草）**

学　名：*Cenchrus pauciflorus*

属：**蒺藜草属 Cenchrus**

形态特征

刺苞由不孕小穗愈合而成，密被短柔毛，下具短粗之总梗，于穗轴上呈总状排列。小穗含 1 花，刺苞内具小穗 13 枚。刺苞于幼时呈卵圆形，刺毛上向，成长后刺渐向外开展，刺毛长度不等，通常位于中、上部者较长而粗壮，刺基扁平而开展，而位于苞基之刺毛则较细并略显轮状排列。苞体成长后呈球形，长 6~7 毫米，宽 4~5.5 毫米，或达 1 厘米。刺长 2~4 毫米。刺苞 2 深裂，苞体裂片向上方延伸成刺，通常 8 枚，并于其基部具长柔毛。颖果长约 2.7 毫米，宽约 2.4 毫米，黄褐色。背面平坦，腹面凹起，顶端具残存花柱。脐明显，深灰色，胚大。（见图 38.36）

376

中文名：**丛生隐子草**

学　名：*Cleistogenes caespitosa*

　属：**隐子草属 Cleistogenes**

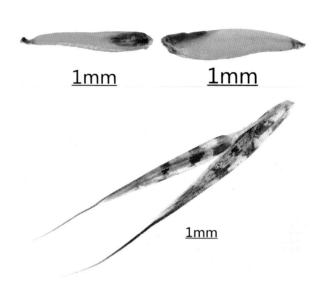

1mm　　　1mm

1mm

图 38.37 丛生隐子草

形态特征

小穗长 5~11 毫米，含（1）3~5 小花；颖卵状披针形，先端钝，近膜质，具 1 脉，第 1 颖长 1~2 毫米，第 2 颖长 2~3.5 毫米；外稃披针形，具 5 脉，边缘具柔毛，第 1 外稃长 4~5.5 毫米，先端具长 0.5~1 毫米的短芒；内稃与外稃近等长。（见图 38.37）

分布 在中国，分布于内蒙古、宁夏、甘肃、河北、山西、陕西等地。

377

中文名：**粗毛鸭咀草**

学　名：*Ischaemum barbatum*

　属：**鸭嘴草属 Ischaemum**

倍率：X30.0

0.20mm

图 38.38 粗毛鸭咀草

形态特征

穗轴逐节断落；节间与小穗柄粗厚，呈三棱形，外侧生纤毛；小穗成对生于各节，第 1 颖下部质硬并有间断的横皱纹或瘤；无柄小穗长 5~7 毫米；芒自第 2 外稃裂齿间伸出，膝曲；有柄小穗稍短于无柄小穗，不孕，无芒。（见图 38.38）

分布 在中国，分布于江苏至广西沿海各地及云南；印度至菲律宾也有分布。

378

中文名：**大狗尾草（法式狗尾草、长狗尾草、费氏狗尾草）**

学　名：*Setaria faberi*

　　属：**狗尾草属 Setaria**

形态特征

　　小穗 2 花，椭圆形，背凸腹平。第 1 颖卵状三角形，顶端尖，长为小穗的 1/2；第 2 颖长为小穗的 3/4，顶端钝。第 1 花不育，外稃与小穗等长；内稃膜质。第 1、2 花结实。带稃颖果椭圆形，淡绿至浅黄色；长约 3 毫米，宽约 1.5 毫米。内外稃骨质近等长，均具显著横皱纹，外稃边缘包内秤稃。颖果椭圆形，淡墨绿色；长约 1.5 毫米，宽约 1 毫米。胚长卵形，长为颖果的 3/4，棕褐色。脐矩圆形，棕褐色。（见图 38.39）

倍率：X50.0
0.20mm

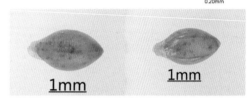

图 38.39 大狗尾草

分布 在我国，分布于东北至长江流域各地；日本也有分布。

生境 生于田间、路旁。

379

中文名：**狗尾草（谷莠子、绿狗尾）**

学　名：*Setaria viridis*

　　属：**狗尾草属 Setaria**

形态特征

　　小穗 2 至多枚簇生于缩短的分枝上，小穗基部有数条长 4~12 毫米绿色、黄色或紫色的粗糙刚毛。小穗含 1 或 2 花。第 1 颖长约小穗的 1/3，膜质，第 2 颖与小穗近等长。第 1 小花不孕，外稃与小穗等长，内稃窄。第 2 小花（孕花）内外稃革质，呈灰黄褐色，表面有不明显细点状皱纹，内稃表面有细颗粒状突起。颖果椭圆形，淡灰色，腹面扁平，胚长约占颖果的 2/3。（见图 38.40）

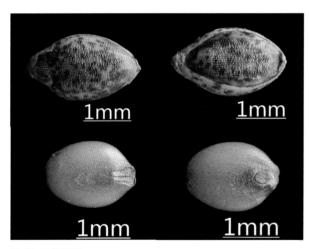

图 38.40 狗尾草

分布 世界各地。中国各地均有分布。

380

中文名：**金色狗尾草**

学　名：*Setaria pumila*

　　属：**狗尾草属 Setaria**

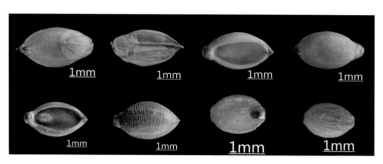

图 38.41 金色狗尾草

形态特征

　　小穗含 1 或 2 花，刚毛金黄色或稍带紫褐色，粗糙，长达 8 毫米。第 1 颖长约为小穗的 1/3，第 2 颖长约为小穗的一半。第 1 花雄性，不孕。第 2 花两性，结实，外稃骨质，黄色或灰色，背面极隆起，具极明显的粗横皱纹，边缘紧包同质的内稃，内稃亦具粗横皱纹，近基部有一圆形隆起。颖果卵圆形；长约 2 毫米，宽约 1.5 毫米；背部隆起，腹面扁平；胚约占颖果全长的 4/5。种脐位于腹面近基部，其下有 1 小白点。（见图 38.41）

分布 亚欧大陆的温带和热带，美洲有输入。中国各地均有分布。

381

中文名：**莠狗尾草**

学　名：*Setaria geniculata*

　　属：**狗尾草属 Setaria**

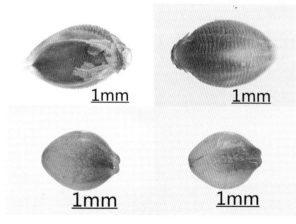

图 38.42 莠狗尾草

形态特征

　　小穗含 2 花，第 1 颖长为小穗的 1/3，先端尖；第 2 颖长为小穗的 1/2，先端较钝。第 1 花中性，外稃与小穗等长，膜质，内稃透明膜质。第 2 花（结实花）内外稃均呈骨质，黄色、褐色至灰褐色，外稃先端尖，背面显著隆起，并具较明显的细横皱纹，内稃亦具细横皱纹。颖果长约 2 毫米，宽约 1.4 毫米；背面隆起，腹面平坦；胚部大而明显，约占颖果全长的 4/5。（见图 38.42）

分布 全球的热带地区。在中国，广东、广西、福建、台湾，以及山东青岛有分布。

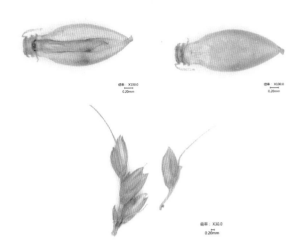

图 38.43 皱叶狗尾草

382

中文名：**皱叶狗尾草（风打草）**

学　名：*Setaria plicata*

属：**狗尾草属 Setaria**

形态特征

　　小穗卵状披针形，有刚毛 1 条或不显，颖短于小穗，第 1 颖短于第 2 颖。小穗含 2 小花。第 1 小花常为雄性，外稃与小穗等长，内稃膜质。第 2 小花为两性，外稃有明显的皱纹，顶端有硬而小的尖头。颖果近卵形，长约 1.8 毫米，宽 0.8 毫米，胚体长约占果体的 2/3。（见图 38.43）

分布　亚欧大陆的温带和热带。在中国，分布于长江以南各地。

图 38.44 大画眉草

分布　世界热带和温带地区。中国各地均有分布。

383

中文名：**大画眉草（星星草）**

学　名：*Eragrostis cilianensi*

属：**画眉草属 Eragrostis**

形态特征

　　小穗含 5 至多数小花，两侧压扁，淡绿色乃至乳白色，长 4~10 毫米．宽 2~3 毫米。具 2 颖，近等长，长 1.2~2.5 毫米，具脊，脊上常有腺点，先端尖。稃片膜质，外稃卵形，长 2~2.2 毫米，宽约 1 毫米，具 3 脉，侧脉明显，先端稍钝，背脊上通常具有腺点；内稃长约为外稃的 3/4，具 2 脊，脊上具微细纤毛。颖果近圆球形；直径约 0.5 毫米；红褐色；表面有极微细的网纹。胚部长约占果的 1/2，与颖果同色，宽近圆形，中央有纵脊。种脐黑褐色，点状，微突起。（见图 38.44）

384

中文名：**乱草（碎米知风草）**

学　名：*Eragrostis tenella*

　属：**画眉草属 Eragrostis**

形态特征

　　小穗柄长 1~2 毫米；小穗卵圆形，长 1~2 毫米，有 4~8 小花，成熟后紫色，自小穗轴由上而下逐节断落；颖近等长，长约 0.8 毫米，先端钝，具 1 脉；第 1 外稃长约 1 毫米，广椭圆形，先端钝，具 3 脉，侧脉明显；内稃长约 0.8 毫米，先端为 3 齿，具 2 脊，脊上疏生短纤毛。颖果棕红色并透明，卵圆形，长约 0.5 毫米。（见图 38.45）

图 38.45 乱草

分布　在中国，分布于长江以南各地；朝鲜、日本、印度、澳大利亚，以及非洲也有分布。

385

中文名：**知风草**

学　名：*Eragrostis ferruginea*

　属：**画眉草属 Eragrostis**

形态特征

　　小穗含 7~12 小花，长 5~l0 毫米；长条状圆形，黑紫色。颖片卵状披针形，具一脉，第 1 颖长 1.5~2 毫米；第 2 颖长于第 1 颖，长 2.5~3 毫米。外稃卵形，具 3 脉，长约 3 毫米，长于内稃；内稃脊上具毛。颖果与内外稃分离。颖果长卵状椭圆形；长约 1 毫米，宽约 0.8 毫米，厚约 0.15 毫米；红褐色；背腹压扁，背面突起，腹面扁平；顶端钝圆，花柱两枚宿存；基部截平，中央圆锥形外突。胚部矩圆形，长占颖果全长的 1/2，中间具条形隆起成纵脊，暗褐色。种脐位于腹面基部较小，圆形，褐色。（见图 38.46）

图 38.46 知风草

分布　在中国，分布于华北、华东、华中、华南、西南等地区；日本、朝鲜，以及东南亚也有分布。

386

中文名：**台湾剪股颖**

学　名：***Agrostis sozanensis***

属：**剪股颖属 Agrostis**

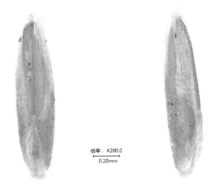

形态特征

　　小穗柄长 1~3.5 毫米；两颖近等长，脊上微粗糙，先端尖或渐尖。外稃长 1.5~2 毫米，先端钝或平截，微具齿 5 脉明显，中部以下着生 1 芒，芒长 0.8~2 毫米，细直或微扭，基盘两侧有短毛；内稃长约 0.5 毫米。（见图 38.47）

图 38.47 台湾剪股颖

分布　亚洲。中国多地有分布。

倍率：X100.0

0.20mm

图 38.48 欧剪股颖

分布　欧洲、北美洲。中国未见记载。

387

中文名：**欧剪股颖（绒毛剪股颖）**

学　名：***Agrostis canina***

属：**剪股颖属 Agrostis**

形态特征

　　小穗暗紫色。长 1.8~2.1 毫米，宽 0.4~0.7 毫米。颖片先端尖，脊上微粗糙。带稃颖果，外稃膜质，芒自稃体中部以上伸出，长约 1 毫米。内稃微小，无脉。颖果呈矩圆形，长约 1 毫米，宽 0.4 毫米，褐黄色，质地软，易碎裂。腹面具沟。脐稍突出。（见图 38.48）

388

中文名： **大看麦娘（草原看麦娘）**

学　名： *Alopecurus pratensis*

　属： **看麦娘属 Alopecurus**

图 38.49 大看麦娘

形态特征

　　小穗含 1 花，结实，长 4~6 毫米，宽 1.8~2.2 毫米；长椭圆形，两侧显著压扁。2 颖淡黄色，近等长，草质，各具 3 脉，下部 1/3 相连合；脊上和侧脉具长柔毛；顶端锐尖，基部渐窄．基盘不明显。外稃与颖同质同色近等长，具 5 脉，顶端疏生微毛，具膝曲扭转的芒，长 6~8 毫米，自外稃背脊近基部伸出于颖顶之外，外稃边缘近基部连合；内稃不存在。颖果质软，半椭圆形，两侧极扁；长 2~3 毫米，宽约 1 毫米，厚约 0.5 毫米；黄褐色至淡褐色；顶端花柱宿存，细长，但易折断。种脐较大而明显，深褐色。（见图 38.49）

分布　欧洲、亚洲寒带、温带地区。在中国，东北、西北地区有分布。

图 38.50 鼠尾看麦娘

分布　欧洲、亚洲（西部）和北美洲。中国未见记载。

389

中文名： **鼠尾看麦娘**

学　名： *Alopecurus myosuroides*

　属： **看麦娘属 Alopecurus**

形态特征

　　小穗含 1 花，两侧扁，长 6.5 毫米，宽 1.9~2.3 毫米，草黄色或稍带紫色。颖片革质，脊上疏生短毛，基部具短纤毛，基部 1/3~1/2 连合。带稃颖果，稃长于颖，芒自稃体近基部伸出，芒长 6~10 毫米。内稃缺如。颖果卵形，扁，长 2.8~3.2 毫米，厚 1.5~1.8 毫米，米黄色至黄色。腹面不拱起。胚长约占颖果的 1/3。（见图 38.50）

390

中文名：**大油芒**

学　名：*Spodiopogon sibiricus*

属：**大油芒属 Spodiopogon**

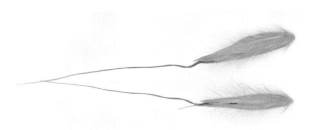

图 38.51 大油芒

形态特征

无柄小穗长 5~5.5 毫米，基部有短毛；两颖相当长，第 1 颖遍被较长的柔毛，第 2 颖脊上部及边缘有长柔毛；外稃稍短于小穗，顶端深裂齿间伸出 1 长芒，内稃稍短于外稃。（见图 38.51）

分布　亚洲北部和温带地区。中国多地分布。

391

中文名：**鹅观草**

学　名：*Elymus kamoji*

属：**披碱草属 Elymus**

倍率：X30.0

0.20mm

图 38.52 鹅观草

形态特征

小穗含 3~10 花，长 1.5~2.5 厘米，芒除外。颖卵状披针形，具 3~5 粗壮的脉纹，边缘膜质；第 1 颖长 4~6 毫米；第 2 颖长 5~9 毫米。外稃披针形，长 8~12 毫米，具 5 脉，边缘具粗毛，顶端渐窄而尖突成芒，长 21~40 毫米，劲直；顶端稍弯曲，边缘宽膜质。内稃稍短或稍长于外稃，基部包卷小穗轴；小穗轴长约 1.5 毫米；轴顶端膨大，斜圆，基部具茸毛，内、外稃与颖果紧贴。颖果椭圆状披针形；长约 5 毫米，宽约 1.4 毫米；褐色；背面凸圆，腹面具宽沟。胚倒卵形，与颖果近同色。种脐小，褐棕色。（见图 38.52）

分布　在中国，广布于各地；日本、朝鲜也有分布。

392

中文名：**纤毛鹅观草（缘毛鹅观草）**

学　名：*Elymus ciliaris*

　　属：**披碱草属 Elymus**

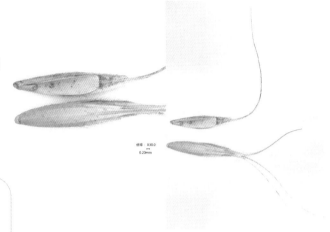

倍率　X30.0
0.20mm

形态特征

　　小穗具两颖，颖片先端有短尖头，有明显突起的脉，边缘及边脉上有纤毛。小穗内含7~10朵小花。小花外稃披针形，长8~9毫米，宽约1.5毫米，背面被粗毛，边缘有长而硬的纤毛；中脉延伸成向外反曲的长芒，长10~20毫米，芒上具细微的纤毛。内稃长为外稃的2/3，具2脊，脊上疏生短纤毛。颖果长约4.5毫米，宽约1.5毫米，密生茸毛，果皮红褐色。胚微小。（见图38.53）

图 38.53 纤毛鹅观草

分布　在中国，广布于各地；朝鲜、日本和俄罗斯（远东地区）也有分布。

倍率：X100.0
0.20mm

图 38.54 发草

分布　世界温带、寒带地区。

393

中文名：**发草**

学　名：*Deschampsia cespitosa*

　　属：**发草属 Deschampsia**

形态特征

　　小穗草绿色或褐紫色，含2小花；小穗轴节间长约1毫米，被柔毛；颖不等，第1颖具1脉，长3.5~4.5毫米，第2颖具3脉，等于或稍长于第1颖；第1外稃长3~3.5毫米，顶端啮蚀状，基盘两侧毛长达稃体的1/3，芒自稃体基部1/4~1/5处伸出，劲直，稍短于或略长于稃体；内稃等长或略短于外稃。（见图38.54）

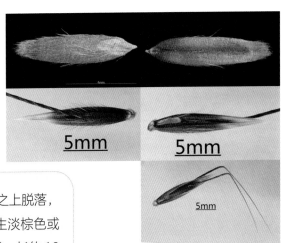

394

中文名：**野燕麦（乌麦、燕麦、大蟹钩）**

学　名：*Avena fatua*

属：**燕麦属** Avena

形态特征

　　小穗两颖近等长，草质，长于小穗。小穗成熟自颖之上脱落，小穗含2或3花，小穗轴节间披针形，先端斜截，密生淡棕色或白色硬毛，与内稃紧贴。带稃颖果，外稃革质，披针形；长约18毫米，宽3毫米；棕色或棕黑色，背面中部以下局淡棕色或白色的硬毛，芒从稃体背面中部稍下方伸出，长约25毫米，芒柱黑棕色。内稃具2脊，脊中部以上具短柔毛。基盘密生淡棕色或白色的髯毛。颖果矩圆形，乳黄色或淡褐色，密被白色或浅棕色柔毛。（见图38.55）

图 38.55 野燕麦

分布 欧洲、亚洲、非洲温带、寒带地区，北美洲和大洋洲有引种。中国各地均有分布。

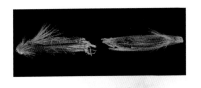

5mm

图 38.56 法国野燕麦

395

中文名：**法国野燕麦**

学　名：*Avena sterilis* subsp. *ludoviciana*

属：**燕麦属** Avena

形态特征

　　小穗含2或3花，仅第1小花有关节，成熟时整个小穗自关节一同脱落。颖较小花为长，长25~30毫米，具11脉。外稃长卵状披针形，具7脉，顶端有2齿，背面具淡棕色长柔毛，基部纵生褐色硬毛，长3~5毫米；基盘斜截，马蹄形；芒膝曲而扭转，自外稃背面中部以上伸出，长达45毫米；内稃具2脉，大部为内卷的外稃所包卷。颖果长5~8毫米，宽1.6~2.5毫米，厚1~2毫米；狭长椭圆形；背面圆形，腹面较平，中央有1细纵沟；顶端钝圆，有茸毛，基部较尖或钝尖。胚较小椭圆形，色稍深于颖果。种脐小，不明显，淡褐色至褐色。（见图38.56）

分布 原产于地中海地区。现分布于日本、缅甸、印度、巴基斯坦、斯里兰卡、阿富汗、以色列、黎巴嫩、俄罗斯、肯尼亚、马耳他、摩洛哥、南非、埃及、埃塞俄比亚、突尼斯、土耳其、法国、希腊、意大利、葡萄牙、英国、阿尔及利亚、西班牙、阿根廷、秘鲁、乌拉圭、厄瓜多尔、哥斯达黎加、美国、墨西哥、巴西、澳大利亚、新西兰等。中国尚无记载。

396

中文名：**黑高粱**

学　名：*Sorghum almum*

属：**高粱属 Sorghum**

图 38.57 黑高粱

形态特征

　　小穗孪生，一枚有柄，另一枚无柄，有柄者为雄性或退化不良，无柄小穗两性，能结实。结实小穗呈披针形，中部较宽，籽粒较短，颖果通常稍短于颖片，致使小穗顶端略成急尖。小穗长为 5 毫米左右，宽 2.5 毫米左右。颖硬革质，黄褐色、红褐色，大多显紫黑色，表面平滑，有光泽。稃片膜质透明，具芒或无芒。颖果卵形或椭圆形，栗色至淡黄色。黑高粱小穗成熟后，大多小穗从穗轴节间折断，此为折断分离，脱落小穗下部易带留穗轴节段，折断处不整齐，脱落后小穗腹面常具被折段的小穗轴 1 或 2 枚。（见图 38.57）

分布　南非、澳大利亚、美国、阿根廷。中国未见记载。

图 38.58 假高粱

397

中文名：**假高粱（阿拉伯高粱、约翰逊草）**

学　名：*Sorghum halepense*

属：**高粱属 Sorghum**

分布　原产于地中海地区。现分布于欧洲、北美洲。

形态特征

　　小穗多数，成对着生。一枚无柄，小穗卵形，长 3~5.5 毫米，被柔毛，两性，能结实；另一枚有柄，长 5~7 毫米，小穗狭窄，小穗柄被白长柔毛，为雄性或中性。结实小穗呈卵圆状披针形，颖硬革质，黄褐色、红褐色至此黑色，表面平滑，有光泽，基部、边缘及顶部 1/3 具纤毛；稃片膜质透明，具芒、芒从外稃先端裂齿间伸出，膝曲扭转，极易断落，有时无芒。结实小穗成熟后自关节脱落，脱落整齐，成为自然脱离。脱落穗第 2 颖背面上部明显具有关节的小穗轴 2 枚，小穗轴边缘上具纤毛。颖果倒卵形或椭圆形，暗红褐色，表面乌暗而无光泽，顶端钝圆，具宿存花柱；脐圆形，深紫褐色。胚椭圆形，大而明显，长为颖果的 2/3。（见图 38.58）

398

中文名：**光高粱**

学　名：*Sorghum nitidum*

属：**高粱属 Sorghum**

倍率：X50.0
0.20mm

图 38.59 光高粱

形态特征

　　无柄小穗卵状披针形，长约 0.4 毫米，顶端舟钝形，芒长，颖片革质，黑色。第 1 颖顶端近膜质，上端具 2 脊，有 3~5 条纵脉，背部密被纤毛；第 2 颖顶端具短尖，具 3~5 条纵脉，背部微隆起。第 1 小花仅有外稃，厚膜质，卵状披针形；第 2 小花外稃宽披针形，透明膜质，边缘被毛。顶端 2 齿裂，芒自齿间伸出，膝曲扭转，芒长可达 20 毫米以上。颖果椭圆形；长约 2.2 毫米，宽约 1 毫米；棕红色；胚体大，长约占果体近 1/2；脐圆形，黑褐色，位于果实腹面基部。（见图 38.59）

分布　在中国，分布于局部地区；印度、斯里兰卡、日本、菲律宾，以及大洋洲、中南半岛等也有分布。

1mm

1mm

倍率：X30.0
0.20mm

图 38.60 苏丹草

分布　原产于非洲。现分布于阿根廷、澳大利亚、苏丹、美国、南非。

399

中文名：**苏丹草**

学　名：*Sorghum sudanense*

属：**高粱属 Sorghum**

形态特征

　　小穗孪生，无柄小穗披针形至椭圆状长圆形，两头尖，近中部最宽；长 6 毫米左右，宽 2.8 毫米左右，厚 2 毫米左右；颖革质，有光泽，具白色柔毛，成熟后呈暗红色；小穗通常有 1 膝曲的长芒；无柄小穗成熟时与穗轴节间及有柄小穗一起脱落，脱落均式均为断折，其穗轴和小穗轴顶端均无关节。具柄小穗狭披针形，草质，不变硬。（见图 38.60）

400

中文名：**丝克高粱**

学　名：*Sorghum silk*

　　属：**高粱属 Sorghum**

图 38.61 丝克高粱

形态特征

　　类似假高粱，更近于黑高粱，生长旺盛，直立，簇生。种子红褐色至黑色。成熟种子有的带柄，有的不带炳。种子稍大于假高粱种粒。（见图 38.61 ）

分布　只在新西兰作杂交培育，现未见有分布。已在昆士兰州种植，并向阿根廷、巴西两国推广。

图 38.62 高羊茅

分布　在中国，分布广泛；亚欧大陆其他国家（地区）也有分布。

401

中文名：**高羊茅**

学　名：*Festuca elata*

　　属：**羊茅属 Festuca**

形态特征

　　侧生小穗柄长 1~2 毫米；小穗长 7~10 毫米，含 2 或 3 花；颖片背部光滑无毛，顶端渐尖，边缘膜质，第 1 颖具 1 脉，长 2~3 毫米，第 2 颖具 3 脉，长 4~5 毫米；外秤椭圆状披针形，平滑，具 5 脉，间脉常不明显，先端膜质 2 裂，裂齿间生芒，芒长 7~12 毫米，细弱，先端曲，第 1 外秤长 7~8 毫米；内秤与外秤近等长，先端 2 裂，两脊近于平滑；花药长约 2 毫米；颖果长约 4 毫米，顶端有毛茸。（见图 38.62 ）

402

中文名：**苇状羊茅（苇状狐茅、高狐茅、高牛尾草）**

学　名：*Festuca arundinacea*

　　属：**羊茅属 Festuca**

形态特征

　　小穗褐黄色或带紫色，颖披针形，先端渐尖，边缘膜质。小穗含 4 或 5 花，外稃卵状披针形，长 6.5~8 毫米，顶部膜质，具 5 脉，脉上有时具短刺毛，先端渐尖，具短芒，稀无芒，芒长约 2 毫米。内稃具 2 脊，脊上有短纤毛，其背面有 1 段小穗轴，先端膨大，具短刺毛。颖果与内外稃贴生，不易分离。颖果椭圆形，长约 3.6 毫米，宽约 1.3 毫米，棕褐色，先端平截，具白色或淡黄色毛茸。背面拱形，腹面凹陷，中间有条细隆线。脐不明显。胚长约占颖果的 1/4。（见图 38.63）

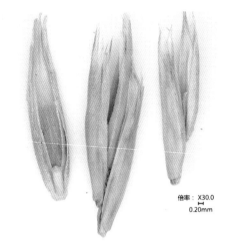

倍率：X30.0
0.20mm

图 38.63 苇状羊茅

分布　欧洲和亚洲的温暖地区。中国有引种，新疆有分布。

403

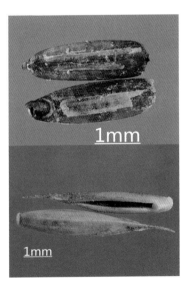

1mm

1mm

图 38.64 羊茅

分布　欧洲、亚洲和北美洲的温带地区。在中国，西北、西南等地区有分布。

中文名：**羊茅（酥油草）**

学　名：*Festuca ovina*

　　属：**羊茅属 Festuca**

形态特征

　　小穗含 3~6 花，小穗轴节间圆柱形，顶端膨大，稍具短柔毛。颖披针形，先端尖。外稃宽披针形，长 2.6~3 毫米，黄褐色或带紫色，先端无芒或仅具短芒尖。内稃与外稃等长，脊上粗糙。颖果与内外稃相贴，但易分离。颖果椭圆形，长 1~1.5 毫米，宽约 0.5 毫米，深紫色，顶部平截，具淡黄色毛茸。脐不明显。腹面具宽沟。胚长约占颖果的 1/4。（见图 38.64）

404

中文名：**紫羊茅（红狐茅）**

学　名：*Festuca rubra*

　　属：**羊茅属 Festuca**

图 38.65 紫羊茅

形态特征

　　小穗含 3~6 花，小穗轴节间圆柱形，顶端稍膨大，稍具短柔毛。颖狭披针形，先端尖。有两颖。外稃披针形，长 4.5~5.5 毫米，宽 1~1.2 毫米，淡黄褐色或先端带紫色，先端具 1~2 毫米的细弱芒，边缘及上半部具微毛或短刺毛。内稃与外稃等长，脊上粗糙，脊间被柔毛。颖果与内外稃相贴，不易分离。颖果矩圆形，长 2.5~3.2 毫米，宽约 1 毫米，深棕色，顶部钝圆，具毛茸。脐不明显。腹面具宽沟。胚长占颖果的 1/6~1/5。（见图 38.65）

分布 北半球的温寒地带。在中国，东北、华北、西南、西北、华中等地区有分布。

405

中文名：**狗牙根（狗牙草、绊根草）**

学　名：*Cynodon dactylon*

　　属：**狗牙根属 Cynodon**

倍率：X50.0
0.20mm

图 38.66 狗牙根

形态特征

　　小穗含 1 花，稀为 2 花，长约 2.5 毫米，灰黄色，两颖草质。第 1 颖长约 1.5 毫米，背面成脊，隆起；第 2 颖等长于第 1 颖。外稃草质，与小穗等长，具 3 脉，中脉成脊，脊上具短毛，脊明显隆起，背面形成二面体，侧面观近半圆形；内稃约与外稃等长，具 2 脊。颖果长椭圆形；长约 1 毫米，宽约 0.5 毫米；淡棕褐色；背面突圆，腹面稍平；顶端钝圆，花柱 2 枚，宿存，基部渐窄，钝尖并外突。胚大而明显，占颖果全长的 1/2，椭圆形，暗褐色，微凹入。（见图 38.66）

分布 亚欧大陆热带、亚热带地区。中国黄河以南地区有分布。

中文名：**虎尾草（刷子草、棒槌草）**

学　名：*Chloris virgata*

属：**虎尾草属 Chloris**

形态特征

　　小穗两侧扁，含 2 或 3 花，下部花为两性，上部花不孕而退化互相包卷呈球状，脱节于颖之上，不孕花附着孕花上而不断落，小穗紧密地覆瓦状排列成 2 行于穗轴上。第 1 小花外稃长 3~4 毫米，边缘两侧有长柔毛，中部以上边缘的毛与稃体等长，顶部 2 齿裂，芒自齿间稍下方伸出，芒长 5~15 毫米，基盘被柔毛；第 2 小花（不孕）外稃顶端平截，在背面顶端稍下方伸出 1 细芒。颖果纺锤形，长 1.5~2 毫米，宽 0.5~0.7 毫米，呈淡棕色，透明。脐呈紫色或黑紫色。胚长占颖果的 2/3~3/4。（见图 38.67）

图 38.67 虎尾草

分布 温带和热带地区。中国各地有分布。

图 38.68 黄背草

中文名：**黄背草**

学　名：*Themeda triandra*

属：**菅属 Themeda**

分布 在中国，分布于大部分地区；日本、朝鲜也有分布。

形态特征

　　大型伪圆锥花序多回复出，由具佛焰苞的总状花序组成；佛焰苞长 2~3 厘米；总状花序长 15~17 毫米，具长 2~5 毫米的花序梗，由 7 小穗组成。下部总苞状小穗对轮生于 1 平面，无柄，雄性，长圆状披针形，长 7~10 毫米；第 1 颖背面上部常生瘤基毛，具多数脉。无柄小穗两性，1 枚，纺锤状圆柱形，长 8~10 毫米，基盘被褐色髯毛，锐利；第 1 颖革质，背部圆形，顶端钝，被短刚毛，第 2 颖与第 1 颖同质，等长，两边为第 1 颖所包卷。第 1 外稃短于颖；第 2 外稃退化为芒的基部，芒长 3~6 厘米，1 或 2 回膝曲。颖果长圆形，胚线形，长为颖果的 1/2。有柄小穗形似总苞状小穗，但较短，雄性或中性。（见图 38.68）

408

中文名：**荻**

学　名：*Miscanthus sacchariflorus*

　　属：**芒属** Miscanthus

形态特征

　　小穗草黄色，成熟后带褐色，无芒，藏于白色丝状毛内，基盘上的白色丝状毛长于小穗约2倍。第1颖的2脊缘有白色长丝状毛，第2颖舟形，稍短于第1颖，上部有1脊，脊缘有丝状毛，边缘透明膜质，有纤毛；第1外稃有3脉，第2外稃有1条不明显的脉；内稃卵形，长约为外稃之半，先端齿裂，具长纤毛。(见图38.69)

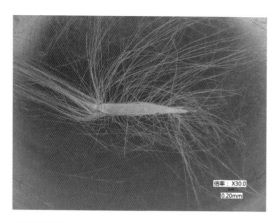

图 38.69 荻

分布　在中国，分布于东北、华北、西北、华东等地区；日本、朝鲜也有分布。

409

中文名：**稷（黍、野稷）**

学　名：*Panicum miliaceum*

　　属：**黍属** Panicum

形态特征

　　小穗长椭圆形，背腹扁；第1颖长三角形，顶端尖，长为小穗的1/2~2/3，基部几乎不包卷小穗；第2颖与小穗等长，被细毛。第1花退化，仅存的外稃质地形状同第2颖，带稃颖果椭圆，背腹压扁，背面略凸，棕黑色，有光泽，长约3毫米，宽约2毫米。外稃革质光亮，具7条黄色脉，背面略隆起，边缘包卷内稃；内稃与外稃等长，同质，边缘膜质。颖果椭圆形，平凸状棕黑色。胚为颖果的2/5。脐椭圆形，色较深。（ 见图38.70)

1mm

1mm

1mm

图 38.70 稷

分布　在中国，分布于东北、华北、华东、华南等地区；朝鲜、日本和俄罗斯也有分布。

中文名：**节节麦**

学　名：**Aegilops tauschii**

属：**山羊草属 Aegilops**

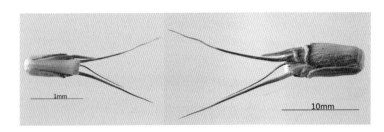

图 38.71 节节麦

形态特征

　　穗状花序，含小穗 7~10 枚左右，小穗含 3 或 4 花，成熟时逐节脱落。小穗紧与穗轴节间贴生，圆柱形，穗轴节间端部膨大，向基部扁平而微凹。具 2 颖，外稃先端略截平，顶具 1 长芒，芒长 1~4 厘米，内稃约与外稃等长，脊上有纤毛。颖果暗黄褐色，顶端具绒毛，背呈圆形隆起，近两侧缘各有 1 细纵间，腹面较平，中央有 1 细纵沟，颖果与内、外稃紧贴，不易脱离。颖果长 4~6 毫米，宽 2.5~3 毫米。（见图 38.71）

分布 主要分布在欧洲，伊朗分布较广。在中国，西安、新乡零星发现；1999 年在河北苍州地区小麦地里发现，为外来入侵种。

图 38.72 具节山羊草

分布 俄罗斯、土耳其、美国、澳大利亚，以及中亚地区。

中文名：**具节山羊草**

学　名：**Aegilops cylindrica**

属：**山羊草属 Aegilops**

形态特征

　　小穗轴节间矩形，先端膨大平截，与小穗紧贴。通常穗轴自关节处折断，每节生 1 小穗，小穗含 2 或 3 花，圆柱形，黄褐色，10~12 毫米，逐节断落，小穗与穗轴关节一同脱落；小穗节有 2 颖，顶端具 2 齿、一齿呈三角状，另一齿延伸成芒，芒背具刺毛，芒长 5~6 毫米。小花外稃椭圆披针形，先端具 2 齿或具芒，芒长 1~2 毫米，内稃稍短于外稃。内外稃与颖果不易剥落。颖果黄褐色，顶端密生黄色毛茸，腹面中有 1 条纵沟。胚位于颖果背央基部，色深于颖果，一般长 5~8 毫米，宽 2~3 毫米。（见图 38.72）

412

中文名：**荩草（绿竹）**

学　名：***Arthraxon hispidus***

属：**荩草属 Arthraxon**

倍率：X50.0
0.20mm

图 38.73 荩草

形态特征

　　无柄小穗卵状披针形，呈两侧压扁，长 3~5 毫米，灰绿色或带紫；第 1 颖草质，边缘膜质，包住第 2 颖的 2/3，具 7~9 脉，脉上粗糙至生疣基硬毛，尤以顶端及边缘为多，先端锐尖；第 2 颖近膜质，与第 1 颖等长，舟形，脊上粗糙，具 3 脉而 2 侧脉不明显，先端尖；第 1 外稃长圆形，透明膜质，先端尖，长为第 1 颖的 2/3；第 2 外稃与第 1 外稃等长，透明膜质，近基部伸出 1 膝曲的芒；芒长 6~9 毫米，下几部扭转。颖果长圆形，与稃体等长。有柄小穗退化仅到针状刺，柄长 0.2~1 毫米。（见图 38.73）

分布 欧洲、亚洲。在中国，分布较广。

413

中文名：**京芒草**

学　名：***Achnatherum pekinense***

属：**芨芨草属 Achnatherum**

1mm

1mm

图 38.74 京芒草

分布 在中国，分布于东北、华北地区，以及江苏、安徽（黄山）、浙江（天目山）等地。

形态特征

　　小穗长 11~13 毫米，颖膜质，几等长或第 1 颖稍长，披针形，先端渐尖，背部平滑，具 3 脉；外稃长 6~7 毫米，顶端具 2 微齿，背部被柔毛，具 3 脉，脉于顶端汇合，基盘较钝，长约 1 毫米，芒长 2~3 厘米，2 回膝曲，芒柱扭转且具微毛；内稃近等长于外稃，背部圆形，具 2 脉，脉间被柔毛；花药黄色，长 5~6 毫米，顶端具毫毛。（见图 38.74）

中文名：**蜡烛草**

学　名：*Phleum paniculatum*

　　属：**梯牧草属 Phleum**

倍率：X100.0

0.20mm

图 38.75 蜡烛草

形态特征

　　小穗楔状倒卵形，颖长 2~3 毫米，具 3 脉，脉间具深沟，脊上无毛或具硬纤毛，顶端具长约 0.5 毫米的尖头；外稃卵形，长 1.3~2 毫米，贴生短毛，内稃几等长于外稃。颖果瘦小，长约 1 毫米，宽 0.2 毫米，黄褐色，无光泽。（见图 38.75）

分布　在中国，分布于长江流域，以及山西、陕西、甘肃等地；亚欧大陆的其他温带地区也有分布。

1mm

1mm

图 38.76 梯牧草

分布　亚欧大陆温带地区。在中国，江西、河南，以及东北等地有引种。

415

中文名：**梯牧草（猫尾草、丝草、梯英泰）**

学　名：*Phleum pratense*

　　属：**梯牧草属 Phleum**

形态特征

　　小穗含 1 花，两侧扁，脱节于颖上。颖膜质，中脉成脊，脊上即硬纤毛，顶端具长尖头。外稃薄膜质，长约 2 毫米，宽约 1 毫米，淡灰褐色，先端尖，具小芒尖，脉上具微毛。内稃略短于外稃，具 2 脊，易与颖果分离。颖果卵形，褐黄色，表面具不规则的突起。腹面不具沟。胚长约占颖果的 1/2。（见图 38.76）

416

中文名：**狼尾草**

学　名：*Pennisetum alopecuroides*

属：**狼尾草属 Pennisetum**

形态特征

　　小穗披针形，单生，长 6~8 毫米，基部由多数紫黑色刚毛组成的总苞。小穗含 2 花，第 1 花退化，仅有发达的外稃，第 2 花两性，发育完全。第 1 颖微小，第 2 颖长为小穗的 1/3~1/2。第 2 小花外稃披针形，硬纸质，内稃质薄，先端锐尖。颖果椭圆形，长 2.6~4 毫米，宽 1.4~2 毫米，顶端具残存花柱，果皮灰褐色或近棕色。胚体占果体的 1/2。（见图 38.77）

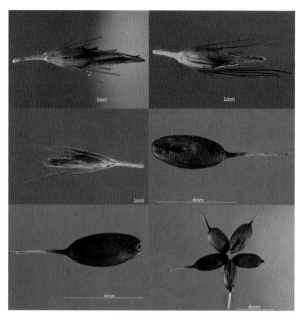

图 38.77 狼尾草

分布　亚洲温带地区、大洋洲。中国各地有分布。

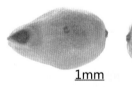

图 38.78 御谷

分布　原产于非洲。亚洲和美洲均已引种栽培作粮食。中国河北有栽培。

用途　可作牧草、刍草；谷粒供食用。

417

中文名：**御谷**

学　名：*Pennisetum glaucum*

属：**狼尾草属 Pennisetum**

形态特征

　　小穗含 2 花，椭圆状披针形，长 3.5~5 毫米。第 1 花不育。第 1 颖微小，长约 1 毫米，半圆形，具 1~3 脉；第 2 颖长 1.5~2 毫米。外稃长 2.5~3 毫米。卵形，具 7 脉，先端钝圆，具纤毛；内稃薄纸质，具 2 脉，密生细毛。颖果成熟时膨胀而外露；长 2.5~3.2 毫米，宽 2~2.5 毫米，厚 1.5~2 毫米；倒卵状圆球形膨胀，淡黄褐色；侧面观背面平直，腹面弓形隆起。胚部椭圆形大而明显，长约占颖果全长的 4/5 或 2/3。平面中部微凹，淡黄褐色。种脐位于颖果腹面的基端，倒卵形，褐色。（见图 38.78）

418

中文名：**李氏禾**

学　名：*Leersia hexandra*

　属：**假稻属 Leersia**

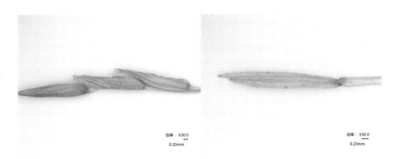

图 38.79 李氏禾

形态特征

　　小穗长 3.5~4 毫米，宽约 1.5 毫米，具长约 0.5 毫米的短柄；颖不存在；外稃 5 脉，脊与边缘具刺状纤毛，两侧具微刺毛；内稃与外稃等长，较窄，具 3 脉；脊生刺状纤毛。颖果长约 2.5 毫米。（见图 38.79）

分布　热带地区。

生境　生于河沟田岸水边湿地。

图 38.80 野黍

分布　在中国，分布于东北、华北、华东、华中和西南等地区；日本，以及东南亚也有分布。

419

中文名：**野黍（发杉、拉拉草、唤猪草）**

学　名：*Eriochloa villosa*

　属：**野黍属 Eriochloa**

形态特征

　　小穗背腹扁；第 1 颖退化，残存环带，围绕基盘；第 2 颖纸质，表面密被白色柔毛。小穗含 2 花；第 1 花退化，仅存 1 外稃，纸质；第 2 花两性，外稃与内稃均呈骨质，淡黄褐色，表面具微小粒状突起，外稃先端钝，边缘稍内卷，紧包内稃之外，呈卵状椭圆形。颖果卵圆形，背腹扁平，淡黄褐色，长约 3 毫米，宽约 2 毫米。脐线状，位于腹面基部。胚长占颖果全长的 4/5。（见图 38.80）

255

420

中文名：**路易斯安纳野黍**

学　名：*Eriochloa punctata*

属：**野黍属 Eriochloa**

形态特征

　　小穗背腹压扁，白绿色或稍带紫色。小穗基部具球状基盘。第 1 颖退化，第 2 颖片草质，被丝状柔毛。小穗含 2 花；第 1 花退化，仅余外稃，草质，被丝状柔毛，先端渐尖或短芒状；第 2 花的内外稃均呈骨质，淡黄白色，均具微小粒状突起。外稃长椭圆形，先端具带毛的芒，长约 1 毫米，边缘稍卷，紧抱着内稃。颖果椭圆形，背腹压扁，呈淡绿黄色，长约 2 毫米，宽约 1 毫米。脐近椭圆形。胚长约占颖果全长的 2/3。（见图 38.81）

图 38.81 路易斯安纳野黍

分布 澳大利亚、美国。中国未见记载。

421

中文名：**马唐（假马唐、红水草）**

学　名：*Digitaria sanguinalis*

属：**马唐属 Digitaria**

形态特征

　　花序轴上每节着生 1 对小穗，一有柄，一无柄或具短柄，小穗第 1 颖极微小，第 2 颖披针形，脉间及边缘常有纤毛。小穗内含 2 小花；第 1 小花不育；第 2 小花（结实花）外稃披针形，厚纸质，具细条纹，边缘膜质，卷曲包着内稃。颖果披针形，长约 2.5 毫米，呈乳白色透明状；脐微小；胚体大，长约占颖果的 1/3。（见图 38.82）

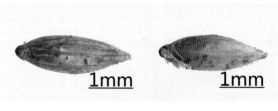

倍率 X100.0
0.20mm

图 38.82 马唐

分布 世界温带和热带地区。中国各地有分布。

422

中文名：**毛马唐**

学　名：*Digitaria ciliaris* var. *chrysoblephara*

属：**马唐属 Digitaria**

形态特征

　　小穗长 2.5~3.5 毫米，含 2 花，第 1 花退化，仅存外稃；第 2 花结实，披针形。第 1 颖微小，长 1.2~3 毫米，第 2 颖具 3 脉，被丝状柔毛。第 1 外稃具 5 脉，通常在两侧具浓密的丝状纤毛，成熟后其毛向两侧张开；第 2 外稃披针形，具 5 脉，厚纸质，黄灰褐色；第 2 内稃大部分外露。颖果长 2~2.5 毫米；黄白色，平滑，具油质状光泽；背腹压扁，披针形，背面圆形突起，腹面较平，先端钝圆，基部较尖。种脐微小，椭圆形，褐色。胚大而明显。（见图 38.83）

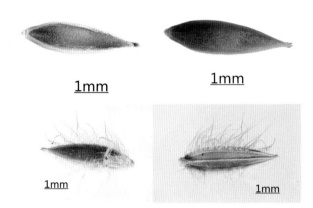

1mm　　1mm

1mm　　1mm

图 38.83 毛马唐

分布　世界热带和温带地区。中国各地有分布。

423

中文名：**止血马唐**

学　名：*Digitaria ischaemum*

属：**马唐属 Digitaria**

形态特征

　　小穗含 1 两性花，通常指状排列，每节着生 2 或 3 枚。小穗柄无毛。第 1 颖微小或几缺，透明膜质；第 2 颖较窄，脉间及边缘具棒状柔毛。第 1 外稃脉间及边缘亦具棒状柔毛。孕花外稃背面椭圆形，黑褐色，具细密的纵条纹，边缘透明膜质，覆盖内稃。颖果卵形，乳白色，脐明显，胚长为颖果的 1/4~1/3。（见图 38.84）

图 38.84 止血马唐

分布　欧洲、亚洲、北美洲。中国各地均有分布。

424

中文名：**紫马唐（莩草、紫果马唐）**

学　名：*Digitaria violascens*

　属：**马唐属 Digitaria**

形态特征

　　花序轴上每节着生 1 对小穗，1 有柄，1 无柄或具短柄。小穗椭圆形，长 1.6~1.8 毫米，第 1 颖常缺，第 2 颖短于小穗，脉间有灰白色短柔毛。小穗内含 2 花；第 1 花退化，仅存外稃，脉间有灰白色短柔毛；第 2 花外稃革质，成熟时呈深棕色或紫黑色，边缘膜质透明，卷曲包着同形的内稃。颖果背腹扁，两端尖，长约 1 毫米，宽约 0.5 毫米，表面光滑，胚长约占颖果的 2/5。（见图 38.85）

图 38.85 紫马唐

分布　大洋洲、美洲和亚洲。中国长江以南各地有分布。

425

中文名：**奇异虉草**

学　名：*Phalaris paradoxa*

　属：**虉草属 Phalaris**

形态特征

　　小穗有 3 种类型，即两性小穗、不孕小穗和畸形小穗。畸形小穗有分枝，顶端膨大或畸形，环绕着两性小穗的基部着生。两性小穗含 3 小花，第 1、2 花完全退化，顶端小花发育正常，结实。结实花外稃软骨质，长约 3 毫米，呈灰白色，光滑无毛或具少数白色柔毛，边缘包卷同质的内稃；内稃舟形，脉间疏生白色柔毛。颖果卵形，浅黑褐色，长约 2.5 毫米，宽约 1.5 毫米，表面平滑，略有光泽。胚部大，线状长圆形。（见图 38.86）

图 38.86 奇异虉草

分布　地中海地区，以及澳大利亚。中国未见记载。

中文名：**球茎虉草**

学　名：*Phalaris tuberosa*

属：**虉草属 Phalaris**

形态特征

小穗含 3 朵小花，1 朵两性花，2 朵不育花。两性花（结实花）内，外稃软骨质，淡黄褐色，长约 3.2 毫米，宽约 1.4 毫米，表面平滑，有光泽，边缘紧包内稃；内稃舟形，脉间着生白色柔毛。颖果两侧压扁，长 1.8~2 毫米，宽 0.8~1 毫米，表面有光泽，胚部较细长。（见图 38.87）

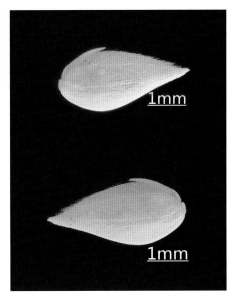

图 38.87 球茎虉草

分布　地中海地区，以及澳大利亚。中国未见记载。

倍率：X50.0

0.20mm

图 38.88 小籽虉草

中文名：**小籽虉草**

学　名：*Phalaris minor*

属：**虉草属 Phalaris**

分布　原产于地中海地区。现欧洲，以及澳大利亚有分布。

形态特征

小穗含 3 小花，两侧压扁，长约 5 毫米，第 1 花完全退化，第 2 花仅留存退化外稃，线形，具白色柔毛；顶端小花两性结实。颖草质，披针形，等长，具 3 脉，中脉成脊，脊的基部上方以上延伸成明显的薄翅；脊粗糙，有微刺毛。结实小花外稃长约 2.8 毫米，宽约 1.2 毫米；淡棕色；侧面观呈卵状披针形，外稃软骨质，具 5 脉，表面密生白色柔毛，边缘包卷同质之内稃；内稃舟形，具 2 脉。颖果长 2~2.5 毫米，宽约 0.6 毫米，厚约 1.2 毫米；两侧压扁，侧面观宽卵形，先端锐尖；深褐色，表面平滑，略有光泽。胚部大，长约为颖果全长的 1/3，不明显。种脐小，黑褐色，脐的上方有 1 条黑褐色线纹伸达中部以下。（见图 38.88）

428

中文名：**虉草（草芦、丝带草）**

学　名：*Phalaris arundinacea*

　属：**虉草属 Phalaris**

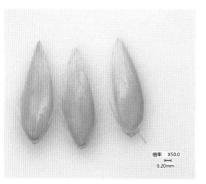

图 38.89 虉草

形态特征

　　小穗两侧扁，披针形，2 颖同形，具 3 脉，脉中部隆起成脊，其上部有极窄的翼。小穗成熟时自颖之上脱落。小穗含 3 小花，第 1、2 小花不育，退化，仅存 2 枚呈线形的外稃，并被白色长柔毛；第 3 小花（顶端小花）结实，孕花外稃软骨质，宽披针形，长 3~4 毫米，宽约 1 毫米，淡黄色或灰褐色，有光泽，具 5 脉，上部具柔毛。内稃披针形，具 1 脊，脊的两边疏生柔毛。颖果倒卵形，两侧压扁，长 1.8~2 毫米，宽 1 毫米，呈黑褐色，表面平滑略有光泽。胚部大，长约占颖果的 2/3。（见图 38.89）

分布　世界温带地区。在我国，华中、华北、东北地区，以及江苏和浙江等地广泛分布。

图 38.90 园草芦

倍率：X30.0
0.20mm

429

中文名：**园草芦**

学　名：*Phalaris canariensis*

　属：**虉草属 Phalaris**

分布　非洲、欧洲、美洲、大洋洲和亚洲。中国曾引种。

形态特征

　　小穗含 3 小花，下部第 1、2 小花退化，仅存外稃，长约 2.5 毫米，同型，线形，略不等长，光滑无毛，有光泽，位于结实花的基部；上部花两性，结实。2 颖舟形，等长，长 7~8 毫米，具 3 脉，中脉成脊，脊延伸成明显的翼，先端突尖。结实花外稃软骨质，长 5~6 毫米，具 5 脉，淡黄褐色，表面光滑，有明显光泽，并着生白色短细毛，先端尖，边缘包卷同质略短的内稃；内稃舟形，具不明显 2 脉和白色短细毛。颖果长约 4 毫米，宽约 2 毫米，厚约 1 毫米；棱状长椭圆形；暗褐色至浅黑褐色，表面平滑，略有光泽；顶端渐窄，具较长的宿存花柱 1 枚，基部钝尖。胚部细长，位于背面基部，长约为颖果全长的 2/5。种脐圆形，略突出，沿腹面至顶端有 1 深色线纹。（见图 38.90）

430

中文名：**千金子（油草、畔草）**

学　名：***Leptochloa chinensis***

属：**千金子属 Leptochloa**

图 38.91 千金子

形态特征

　　小穗两侧扁，两颖不等长。小穗含 3~6 花，颖具 1 脉，小花外稃卵形，顶端钝，无毛或仅下部具微毛。内稃与外稃约等长，具 2 脊。小穗轴细长圆柱状，弯向内稃，基盘不明显。颖果（去颖片）倒卵形至矩圆形，长约 1 毫米，淡绿色黄绿色至黄褐色。胚体大，长约占颖果的 1/2。（见图 38.91）

分布　亚欧大陆的温暖地区。在中国，华东、华中、华南、西南地区有分布。

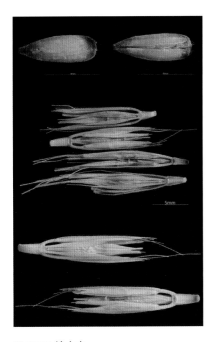

图 38.92 墙大麦

分布　欧洲、北美洲，以及印度、澳大利亚等也有分布。

431

中文名：**墙大麦（兔耳大麦、野麦草）**

学　名：***Hordeum leporinum***

属：**大麦属 Hordeum**

形态特征

　　穗轴每节着生 3 枚小穗，小穗含 1 花，侧生小穗发育不全。第 1 颖线状披针形，先端渐尖或长芒状，边缘具长纤毛；第 2 颖呈刚毛状，粗糙；外稃呈狭披针形，先端具长 14~18 毫米的芒；内稃与外稃等长，具 2 脊，其后面有 1 小穗轴。中间小穗发育完全，颖片线状披针形，边缘具长纤毛，外稃与颖片同形，先端具长芒，芒长约 10 毫米，内稃与外稃等长，具 2 脊，其背后有 1 小穗轴。颖果椭圆形，长 5~6 毫米，宽约 2 毫米，先端具灰白色茸毛，腹面有纵沟，其中间有红褐色细隆线 1 条。胚矩圆形，长占颖果的 1/5~1/4。（见图 38.92）

432

中文名：**野黑麦（野大麦、菜麦草）**

学　名：*Hordeum brevisubulatum*

　　属：**大麦属 Hordeum**

形态特征

　　穗轴每节上着生 3 枚小穗，侧生小穗常发育不全，或为雄性，颖片呈针状，外稃顶端无芒。中间小穗无柄，颖片针状，发育完全。小穗含 1 花，外稃近平滑或贴生微毛，顶端渐尖成芒，芒长 1~2 毫米；内稃与外稃等长，具 2 脊，脊上无毛或于上部具极细的纤毛。颖果为内外稃紧包，不易剥离。颖果椭圆形，淡棕色，长 2.5~3.5 毫米，宽约 1 毫米，先端密生茸毛，背部拱圆，腹面有 1 条纵沟，其中间有条棕色细隆线。胚长约占颖果的 1/4。（见图 38.93）

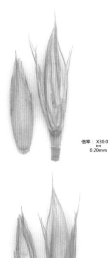

倍率：X30.0
0.20mm

倍率：X30.0
0.20mm

图 38.93 野黑麦

分布 原产于俄罗斯。在中国，东北、华北地区，以及内蒙古和新疆等地有分布。

433

中文名：**雀稗**

学　名：*Paspalum thunbergii*

　　属：**雀稗属 Paspalum**

形态特征

　　小穗背腹扁，呈倒卵状近圆形；长约 2.5 毫米，宽约 2 毫米；第 1 颖缺，第 2 颖与第 1 小花外稃相似，均为膜质。小穗内含 2 花；第 1 小花退化，仅存外稃；第 2 小花外稃革质，乳灰白色，表面颗粒状粗糙，边缘卷曲紧包同质内稃。颖果卵圆形，长约 2 毫米，背面拱圆，腹面扁平。果皮浅灰黄色，胚体长约为果体的 1/2。（见图 38.94）

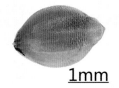

1mm

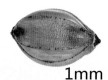

1mm

图 38.94 雀稗

分布 在中国，分布于江苏、浙江、台湾、福建、江西、湖北、湖南、四川、贵州、云南、广西、广东等地；日本、朝鲜也有分布。

生境 生于荒野潮湿草地。

434

中文名：**圆果雀稗**

学　名：***Paspalum scrobiculatum* var. *orbiculare***

　　属：**雀稗属 Paspalum**

形态特征

　　小穗含 1 花，两性，卵圆形，背腹压扁，长 2~2.5 毫米，褐色，第 1 颖退化，第 2 颖及第 1 外稃均具 3 脉，无毛，等长于小穗；外稃棕褐色，卵圆形，凸圆，包被扁平的内稃；两面密被有规则的细点颗粒状突起，顶端钝圆，基部稍宽圆。颖果卵状圆形，背腹压扁；长约 1.5 毫米，宽约 1.3 毫米；灰褐色；顶端具宿存花柱，背面稍圆凸，腹面平坦。胚卵形大而明显。种脐位于基端，圆形，红褐色。（见图 38.95）

图 38.95 圆果雀稗

分布　在中国，分布于湖北、浙江、福建，以及华南、西南地区；欧洲大陆也有分布。

倍率：X100.0
0.20mm

图 38.96 鼠尾粟

分布　在中国，分布于长江以南地区，以及陕西；美洲热带地区，以及印度、日本等也有分布。

435

中文名：**鼠尾粟**

学　名：***Sporobolus fertilis***

　　属：**鼠尾粟属 Sporobolus**

形态特征

　　小穗灰绿色且略带紫色，长 1.7~2 毫米；颖膜质，第 1 颖小，先端尖或钝，具 1 脉；外稃等长于小穗，先端稍尖，具 1 中脉及 2 不明显侧脉。囊果成熟后红褐色，明显短于外稃和内稃，长 1~1.2 毫米，长圆状倒卵形或倒卵状椭圆形，顶端截平，表面有纵凹纹，果皮易破，内含 1 粒种子，呈淡黄色或红褐色，两侧扁压，胚明显。（见图 38.96）

436

中文名：**显子草**

学　名：*Phaenosperma globosa*

　　属：**显子草属** Phaenosperma

形态特征

　　小穗背腹压扁，长 4~4.5 毫米。两颖不等长，第 1 颖长 2~3 毫米，具明显的 1 脉或具 3 脉，两侧脉甚短；第 2 颖长约 4 毫米，具 3 脉。外稃长约 4.5 毫米，具 3~5 脉，两边脉几不明显；内稃略短于或近等长于外稃。花药长 1.5~2 毫米。颖果倒卵球形，长约 3 毫米，黑褐色，表面具皱纹，成熟后露出稃外。（见图 38.97）

倍率：X50.0
0.20mm

图 38.97 显子草

分布　在中国，分布于西南、华东地区；朝鲜、日本也有分布。

437

中文名：**鸭茅（鸡脚草、果园草）**

学　名：*Dactylis glomerata*

　　属：**鸭茅属** Dactylis

形态特征

　　小穗两侧扁，颖片披针形，先端渐尖，延伸成长约 1 毫米的芒，脊粗糙或具纤毛，小穗成熟脱节于颖之上及各小花之间。小穗含 2~5 花，淡黄色或稍带紫色。小花外稃披针形，长 3.8~6.5 毫米，宽 0.8~1.2 毫米，脊上粗糙或具纤毛，顶端渐尖成为长约 1 毫米芒；内稃较窄，具 2 脊，脊上具纤毛，背面有 1 小穗轴，节间长约 1 毫米，顶端关节略膨大。颖果长椭圆形或略具 3 棱，长 2.8~3.2 毫米，宽 0.7~1.1 毫米；米黄色或褐黄色；腹面凹陷；脐淡紫褐色；胚长占颖果的 1/4~1/3。（见图 38.98）

倍率：X30.0
0.20mm

倍率：X50.0
0.20mm

图 38.98 鸭茅

分布　欧洲和亚洲温带地区，以及非洲（北部）、北美洲。中国有引种。

三十九

鸢尾科
Iridaceae

438

中文名：**马蔺**

学　名：*Iris lactea*

　属：**鸢尾属 Iris**

形态特征

　　蒴果长椭圆状柱形；长 5 厘米，直径 1 厘米；有 6 条明显的肋，顶端有短喙。种子不规则多面体，纵长或近等直径；红棕色至紫褐色；长约 5 毫米，宽约 3 毫米；表面略粗糙，砂砾质或具小皱。种脐黄褐色或褐色；其位置和形状随种子形状而异，或在平面或在棱角处或在端部，形状或为条形，或为矩圆形，或为圆形，颜色比种皮浅，很容易观察。（见图 39.1）

图 39.1 马蔺

分布　中国、朝鲜、俄罗斯、印度。

439

中文名：**鸢尾**

学　名：*Iris tectorum*

　属：**鸢尾属 Iris**

形态特征

　　蒴果长椭圆形或倒卵形；长约 5 厘米，直径 2 厘米；有 6 条明显的肋，成熟时自上而下 3 瓣裂。种子黑褐色；梨形；长约 4 毫米，宽约 3 毫米；表面皱褶，有光泽，基部渐狭。种脐位于基部，凹陷，褐色，衣领状物黄白色，较突出，无附属物。（见图 39.2）

分布　中国、日本。

图 39.2 鸢尾

四十

辣木科
Moringaceae

中文名：**辣木**

学　名：*Moringa oleifera*

　　属：**辣木属 Moringa**

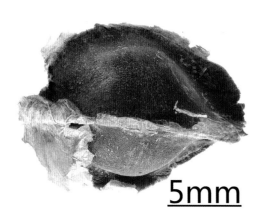

图 40.1 辣木

形态特征

　　蒴果细长；长 20~50 厘米，直径 1~3 厘米；下垂，3 瓣裂，每瓣有肋纹 3 条。种子近球形；表面棕褐色；端部略突出成尖，基部略突圆。种脐位于基部，略凹；直径约 10 毫米；有 3 棱，每棱有膜质的翅，翅黄白色，翅宽约为种子直径的 1/2。（见图 40.1）

分布　原产于印度。现广泛种植于世界热带地区。

四十一

木兰科

Magnoliaceae

中文名：**五味子**

学　名：*Schisandra chinensis*

　属：**五味子属** Schisandra

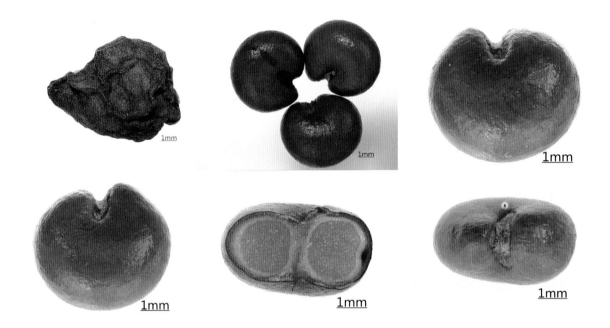

图 41.1 五味子

形态特征

果实为聚合果，长 1.5~8.5 厘米；小浆果红色，近球形或倒卵圆形，直径 6~8 毫米；聚合果柄长 1.5~6.5 厘米，果皮具不明显腺点。种子 1 或 2 粒；长 4~5 毫米，宽 2.5~3 毫米；淡褐色；肾形；种皮光滑；种脐明显凹入成 "U" 形。（见图 41.1）

分布　在中国，分布于黑龙江、吉林、辽宁、内蒙古、河北、山西、宁夏、甘肃、山东等地；朝鲜、日本也有分布。

四十二

葡萄科

Vitaceae

中文名：**五叶地锦**

学　名：*Parthenocissus quinquefolia*

属：**地锦属 Parthenocissus**

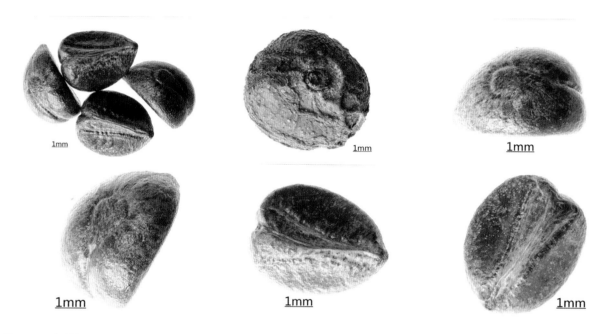

图 42.1 五叶地锦

形态特征

　　果实球形，黑褐色，表面皱褶，直径 1~1.2 厘米。种子 1~4 颗。种子倒卵形，顶端圆形，基部急尖成短喙，表面暗褐色；种脐在种子背面中部陀螺形；背部隆起，脐条达种子基端；腹部中棱脊突出，黄褐色，两侧洼穴呈沟状，从种子基部斜向上达种子顶端。（见图 42.1）

分布　原产于北美洲。在中国，东北、华北地区均有栽培。

四十三

千屈菜科

Lythraceae

443

中文名：**多花水苋**

学　名：*Ammannia multiflora*

　　属：**水苋菜属 Ammannia**

图 43.1 多花水苋

形态特征

　　果实为蒴果，扁球形，直径约 1.5 毫米，成熟时暗红色，上半部突出宿存萼之外。种子三角形或半椭圆形，扁凹凸状；长约 0.45 毫米，宽约 0.35 毫米；灰黄色；背面隆起，有不明显的颗粒状细纵纹，腹面凹入，粗糙，中间无明显隆起的纵脊。（见图 43.1）

分布　在中国，分布于华南、西南地区，以及辽宁等地；亚洲其他国家（地区），以及非洲、大洋洲、欧洲也有分布。

图 43.2 耳基水苋

444

中文名：**耳基水苋**

学　名：*Ammannia auriculata*

　　属：**水苋菜属 Ammannia**

形态特征

　　果实为蒴果，扁球形；成熟时约 1/3 突出于萼之外；紫红色；直径 2~3.5 毫米；成不规则周裂。种子卵状三角形，稀椭圆形，背腹略扁；黄褐色至褐色；长约 0.5 毫米，宽约 0.35 毫米；表面粗糙，隐约可见细纵纹，背面隆起，腹面较平或略凹，中部具 1 脊状隆起。种脐位于隆起的下端，很小。（见图 43.2）

分布　广泛分布于热带地区。在中国，分布于广东、福建、浙江、江苏、安徽、湖北、河南、河北、陕西、甘肃及云南等地。

445

中文名：**千屈菜**

学　名：*Lythrum salicaria*

属：**千屈菜属 Lythrum**

图 43.3 千屈菜

形态特征

　　蒴果包在萼内，椭圆形，2 裂。种子多棱状楔形；黄褐色，腹部深褐色，长约 1 毫米，宽约 0.3 毫米；表面具细纵纹，背面被不同方向的隆起脊分割成数个平面，腹面较平，稍凸，中央具 1 条纵脊。种脐位于腹面纵脊下方，具折色屑状。（见图 43.3）

分布　在中国，广泛分布于各地，亦有栽培；亚洲其他国家（地区），欧洲、非洲（阿尔及利亚）、北美洲，以及澳大利亚东南部也有分布。

图 43.4 紫薇

分布　广泛种植于世界热带地区。在中国，分布于广东、广西、湖南、福建、江西、浙江、江苏、湖北、河南、河北、山东、安徽、陕西、四川、云南、贵州及吉林等地，广泛栽培。

446

中文名：**紫薇**

学　名：*Lagerstroemia indica*

属：**紫薇属 Lagerstroemia**

形态特征

　　果实为蒴果，椭圆状球形或阔椭圆形，长 1~1.3 厘米，幼时绿色至黄色，成熟时或干燥时呈紫黑色，室背开裂。种子黑褐色，有翅，翅向端部颜色渐淡成黄白色，长约 8 毫米。（见图 43.4）

四十四

梧桐科

Sterculiaceae

中文名：**马松子**

学　名：*Melochia corchorifolia*

　属：**马松子属 Melochia**

1mm　　　1mm　　　1mm

图 44.1 马松子

形态特征

　　蒴果圆球形，直径 5~6 毫米；有 5 棱，被长柔毛；每室有种子 1 或 2 粒。种子卵圆形，略呈三角状，端部钝尖，基部钝圆；长约 3 毫米，宽约 1.5 毫米；黑褐色；背面拱起，中央有 1 条突起的脊，由基部起，不达端部；腹面中央有 1 钝脊，将腹面分为两个斜面，两斜面略凹陷。种脐位于基部，红褐色，脐口横裂，脐周凸起，具放射性细密纵脊。（见图 44.1）

分布 在中国，分布于长江以南地区，以及山东等地。

四十五

芸香科

Rutaceae

448

中文名：**柑橘**

学　名：*Citrus reticulata*

属：**柑橘属 Citrus**

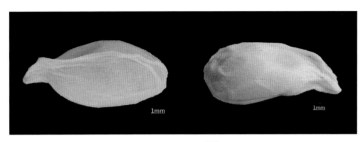

图 45.1 柑橘

形态特征

　　果形多种，通常扁圆形至近圆球形；果皮甚薄而光滑，或厚而粗糙，淡黄色，朱红色或深红色，甚易或稍易剥离，橘络甚多或较少，呈网状，易分离，通常柔嫩；中心柱大而常空，稀充实；瓢囊 7~14 瓣，稀较多，囊壁薄或略厚，柔嫩或颇韧；汁胞通常纺锤形，短而膨大，稀细长；果肉酸或甜，或有苦味，或另有特异气味。种子多或少数，稀无籽；通常卵形，顶部狭尖，基部浑圆；子叶深绿、淡绿或间有近于乳白色，合点紫色，多胚，少有单胚。（见图 45.1）

分布 在中国，秦岭以南广泛栽培，很少半野生。

449

中文名：**金橘**

学　名：*Fortunella margarita*

属：**金橘属 Fortunella**

图 45.2 金橘

形态特征

　　果椭圆形或卵状椭圆形；长 2~3.5 厘米；橙黄至橙红色；果皮味甜，厚约 2 毫米；油胞常稍凸起；瓢囊 4 或 5 瓣；果肉味酸；有种子 2~5 粒。种子卵形，端尖，基部浑圆，子叶及胚均绿色，单胚或偶有多胚。（见图 45.2）

分布 在中国，南方各地有栽种。

四十六

荨麻科
Urticaceae

450

中文名：**苎麻**

学　名：*Boehmeria nivea*

　　属：**苎麻属** Boehmeria

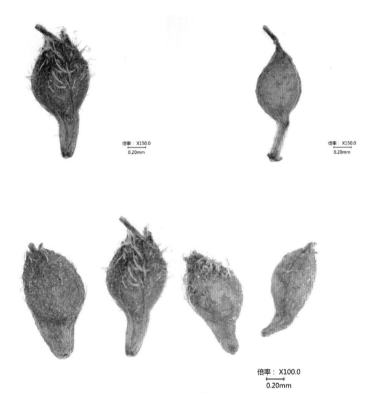

倍率：X150.0
0.20mm

倍率：X150.0
0.20mm

倍率：X100.0
0.20mm

图 46.1 苎麻

形态特征

　　雌雄同株异花。雄花花序在茎的中下部，雌花花序在茎的上部，往往同一花序上两者交界处着生雌雄两种花。雄花花被 4 片，黄绿色；雄蕊 4 枚，子房退化；花药黄白色，肾形，2 室。雌花花被壶状，有密毛，先端 2~4 裂；蕾期呈红色、黄色或绿色。瘦果很小，扁球形或卵球形，长 1~1.3 毫米，宽约 1 毫米，厚约 0.8 毫米；褐色。（见图 46.1）

分布　中国、越南、老挝等。

四十七

马鞭草科

Verbenaceae

中文名：**马鞭草**

学　名：*Verbena officinalis*

属：**马鞭草属 Verbena**

图 47.1 马鞭草

形态特征

　　果实为蒴果，长约 2 毫米；外果皮薄，成熟时裂为 4 个小坚果，每个小坚果内含种子 1 粒。小坚果近长扁圆柱形，长 1.5~2 毫米，宽、厚均为 0.6~0.8 毫米；背面赤褐色，稍有光泽，具外突纵脊 4 或 5 条；顶端及两侧还具有横纹结成的网状；腹面中央有 1 纵脊隆起，构成 2 个平坦的侧面，面上密布近星状或颗粒状的黄白色突起；背面基部略延伸成半圆形的边，并与背腹相交的边缘相连。果脐位于果实腹面基部，被白色的附属物遮盖。胚直生，位于少量胚乳的中央；胚乳油质。（见图 47.1）

分布　温带地区。中国各地均有分布。

0.40mm
倍率：X50.0

图 47.2 黄荆

中文名：**黄荆**

学　名：*Vitex negundo*

属：**牡荆属 Vitex**

形态特征

　　核果近球形，直径约 2 毫米，有白色和黑色斑点；宿萼接近果实的长度。（见图 47.2）

分布　在中国，主要分布于长江以南地区，北达秦岭、淮河；非洲东部（马达加斯加）、亚洲东南部及南美洲（玻利维亚）也有分布。

四十八

玄参科
Scrophulariaceae

453

中文名：**母草**

学　名：*Lindernia crustacea*

属：**母草属 Lindernia**

倍率：X150.0
0.20mm

图 48.1 母草

形态特征

　　蒴果椭圆形，与宿萼近等长；种子卵状肾形，扁，浅黄褐色，表面粗糙，有明显的蜂窝状瘤突。侧面中央有 1 纵沟，褐色，种脐位于基部，椭圆形，稍突出，棕褐色。有时存在残存的珠柄。种子含肉质胚乳；胚直生。（见图 48.1）

分布　世界热带和亚热带地区广布。在中国，分布于浙江、江苏、安徽、江西、福建、台湾、广东、海南、广西、云南、西藏（东南部）、四川、贵州、湖南、湖北、河南等地。

倍率：X200.0
0.20mm

倍率：X100.0
0.20mm

图 48.2 直立婆婆纳

454

中文名：**直立婆婆纳**

学　名：*Veronica arvensis*

属：**婆婆纳属 Veronica**

形态特征

　　蒴果倒阔心形（宽大于长），扁状，果实顶端凹缺；宿存花柱长略超出凹口；成熟时 2 瓣开裂；果内含种子多数；果皮疏被细毛。边缘毛较长。种子舟形或阔椭圆形，长 0.8~1.2 毫米，宽 0.5~0.9 毫米；背面拱形，腹面微凹；其中央隆起呈椭圆状突起，周围有辐射状沟纹和颗粒状突起。种皮薄，黄色，背面近平滑或具微皱纹。种脐椭圆形，黄褐色，有时存在残存的珠柄。种子含肉质胚乳；胚直生。（见图 48.2）

分布　原产于欧洲。现广泛分布于北温带地区。在中国，华东、华中等地区常见。

455

中文名：**大花婆婆纳**

学　名：*Veronica himalensis*

　属：**婆婆纳属 Veronica**

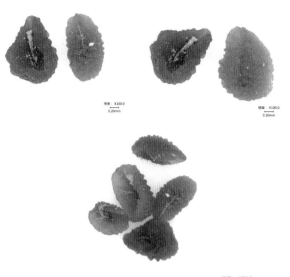

图 48.3 大花婆婆纳

形态特征

蒴果卵圆形，稍扁，长约 8 毫米，宽约 5 毫米；先端钝，顶端微凹，近无毛可疏生腺柔毛；宿存花柱 5~10 毫米；果内含超过 50 枚种子。种子扁平，两侧面稍突，约 1 毫米，种皮光滑。（见图 48.3）

分布 在中国，分布于西藏南部；尼泊尔、不丹、印度等也有分布。

图 48.4 阿拉伯婆婆纳

分布 原产于亚洲中西部地区和欧洲。在中国，分布于华东、华中地区，以及贵州、云南、西藏（东部）、新疆（伊宁）等地。

456

中文名：**阿拉伯婆婆纳**

学　名：*Veronica persica*

　属：**婆婆纳属 Veronica**

形态特征

蒴果倒心脏形，扁平；顶端 2 深裂，凹口角度大于直角，中央的残存花柱超出缺口很多；成熟时果实 2 瓣开裂；果内含种子多数；果皮具网纹。种子舟形或阔椭圆形，长约 1.8 毫米，宽约 1.1 毫米；背面拱形，腹面内凹。种皮薄，淡黄色或浅黄褐色，表面有明显的皱纹。种脐小，线形，黑褐色，其周围呈红褐色，位于种子腹面的中央。种子胚直生；含肉质胚乳。（见图 48.4）

中文名：**小婆婆纳**

学　名：***Veronica serpyllifolia***

　　属：**婆婆纳属 Veronica**

倍率：X100.0
0.20mm

倍率：X100.0
0.20mm

图 48.5 小婆婆纳

形态特征

　　果实为蒴果，近肾形，扁，顶端凹，长2~3毫米，宽大于长，沿脊着生腺柔毛；内含多数种子。种子选手卵圆形，扁平，长0.8~1.1毫米，宽 0.7~0.9毫米，厚约 0.2毫米；橘黄色；表面平坦，具极细微颗粒状突起；背面圆形，腹面微凹，周缘平滑。肿脐位于腹面的中间，宽椭圆形或近圆形，红褐色；直行胚，黄褐色；胚乳肉质，为淡黄色。（见图 48.5）

分布 欧洲、北美洲和亚洲温带地区。

忍冬科

Caprifoliaceae

中文名：琼花

学　名：*Viburnum macrocephalum*

属：荚蒾属 Viburnum

5mm

5mm

1mm

1mm

图 49.1 琼花

形态特征

　　果实红色而后变黑色，椭圆形，长约 12 毫米；种子极扁，矩圆形至宽椭圆形，长约 10 毫米，宽约 7 毫米，厚约 3 毫米，黑褐色；基部钝圆，1 明显的凹陷，黑褐色，端部生 1 尖端，有宿存柱头，两面皆有多数皱褶；在背部形成 2 条浅背沟，在腹部形成 3 条浅腹沟；横截面扁口形。（见图 49.1）

分布　世界各地常有栽培。

五十

泽泻科

Alismataceae

459

中文名：**慈姑**

学　名：*Sagittaria trifolia* subsp. *leucopetala*

属：**慈姑属 Sagittaria**

形态特征

　　瘦果长倒三角形，扁平，周围具膜质宽翅；深褐色，翅浅黄色；长约 3 毫米，宽约 1 毫米（不包括翅）；表面具细纵纹，腹侧顶端具向上伸出的花柱基，果皮很薄；种子极易剥出。种子倒三角形，深褐色；种皮具纵纹，极薄，可透出棒状对折的胚；胚根顶端具黑色的种脐。（见图 50.1）

图 50.1 慈姑

分布　在中国，分布于各地；亚洲其他国家（地区），以及欧洲、北美洲也有分布。

460

中文名：**泽泻**

学　名：*Alisma plantago-aquatica*

属：**泽泻属 Alisma**

图 50.2 泽泻

分布　中国、朝鲜、日本、蒙古国、俄罗斯、印度。

形态特征

　　瘦果椭圆形，两侧扁平；扁平面黄色，背部顶端或全部为黑褐色；长约 2 毫米，宽约 1.2 毫米；背部厚，具 1 条纵沟，腹部薄，刀刃状，上半部具宿存花柱，两平面中部具丝状纵纹，有光泽，色暗。（见图 50.2）

参考文献

【1】中国科学院植物研究所系统与进化植物学国家重点实验室，植物智，http://www.iplant.cn/.

【2】印丽萍.羊毛中的杂草种子原色图鉴【M】.北京：中国农业出版社，2007.

【3】郭琼霞.杂草种子彩色鉴定图鉴【M】.北京：中国农业出版社，1998.

【4】关广清等.杂草种子图鉴【M】.北京：科学出版社，2000.

【5】印丽萍，颜玉树.杂草种子图鉴【M】.北京：中国农业科技出版社，1996.

【6】中国科学院植物研究所：植物园种子组，形态室比较形态组.杂草种子图说【M】.北京：科学出版社，1980.

【7】United States Department of Agriculture Natural Resources Conservation Service, Plants, https://plants.sc.egov.usda.gov/home.

【8】南京大学生物系，中国科学院植物研究所.中国主要植物图说：禾本科【M】.北京：科学出版社，1965.

【9】张则恭，郭琼霞.杂草种子鉴定图说：第一册【M】.北京：中国农业出版社，1995.

【10】皮多契著，俞德俊等译.观赏植物种子检索表【M】.北京：科学出版社，1954.

【11】陈守良.华东禾本科植物志【M】.南京：江苏人民出版社，1961.

【12】《中国高等植物彩色图鉴》编委会.中国高等植物彩色图鉴【M】.北京：科学出版社，2016.

【13】中国科学院西北植物研究所.秦岭植物志：第一卷种子植物，第1、2册【M】.北京：科学出版社，1974-1976.

【14】中国科学院武汉植物研究所.湖北植物志【M】.武汉：湖北人民出版社，1979.

【15】黄建中，李扬汉，姚东瑞，蒋青.检疫性寄生杂草种子的鉴定方法与菟丝子属常见种的识别特征【J】.植物检疫，1992，（4）：247-251.

【16】孙民琴，禹海鑫，郭骁驹等.几种曼陀罗植株识别及种子鉴定研究【J】.植物检疫，2016，36（7）：65-67，82-83.

【17】吴海荣，胡学难，秦新生等.泽兰属检疫杂草快速鉴定研究【J】.杂草科学，2009，（1）：27-28，45.

【18】牛庆杰，于学鹏，李慧英等.向日葵抗列当材料的实验室鉴定方法【J】.吉林农业科学，2010，35（1）：21-22.

【19】BP Murphy, PJ Tranel. Identification and validation of Amaranthus species-specific SNPs within the ITS region: Applications in quantitative species identification【J】.Crop science, 2018, 58（1）：304-311.

【20】Salvador Arias, Teresa Terrazas. Seed morphology and variation in the genus Pachycereus（Cactaceae）【J】.Journal of plant research, 2006, 117（4）：277-289.